# 気象予報士という生き方

森田正光

イースト新書Q
Q084

# はじめに

「近頃の天気はおかしい」という記述は、はるか古代からあると言われていますが、現代もまた、「天気がおかしい」と多くの方が感じているようです。しかし突き詰めて「本当におかしくなっているのか」と問うと、その答えはそう簡単ではありません。

2022年6月27日、気象庁は九州南部・東海・関東甲信で、梅雨明けを発表しました。異例に早い発表で、しかもその直後、東京などで35℃以上の猛暑日が9日間も連続し、これも1875年（明治8年）の統計開始以来の記録でした。

本来なら梅雨の真っ最中である6月末に梅雨が明けること自体が異常で、これまでの常識が通用しないような季節の変化を、我々は経験したと言っていいでしょう。

こうして普段と違う天候が現れると、すぐさま気象予報士の出番となります。

「なぜ異常に早く梅雨が明けたのか？」

「この猛暑が続く原因は？」

「40℃以上になった理由は？」

など、もっともだと思われる疑問が寄せられます。

しかし、じつはこれらの答えは、ものすごく難しいのです。

なぜ梅雨が明けたのか？⇓太平洋高気圧が強まったため
⇓なぜ太平洋高気圧が強まったのか？⇓上空の偏西風が北へずれたため
⇓なぜ偏西風がずれたのか？⇓南海上の海水温が高かったため
⇓なぜ海水温が高かったのか？⇓ラニーニャ現象（東部太平洋の海水温異常）が起きていたため
⇓なぜラニーニャ現象が起きたのか？⇓赤道付近の貿易風が強かったため
⇓なぜ貿易風が強かったのか？⇓地球自転や太陽活動などさまざまな周期によるため……

など、最後はわからなくなってきます。

また、それぞれの原因と思われる現象も、その規模の大きさを問わなければなりません。

科学は、「定性的」と「定量的」という考え方が大切です。定性的とは抽象的な言い方になりますが、「物事はたぶんこうして変化していくよね」とか、「数値化できないけれど、こう考えても矛盾はないよね」というような考え方です。

例えば熱中症にかからないようにするため、「水分や塩分を取ることは大切だよね」という考え方は「定性的には正しい」と言えます。ところがこの場合、水を一気に1L以上も飲んだらどうでしょう。同時に塩を20gもとったらどうでしょう。体にいいどころか、下手をすれば死んでしまいます。

したがってこの場合は、どれだけの水なのか、塩分はどれほどなのかの〝量〟を問わないと、定性的には正しくても定量的には間違ったことを言っていることになります。

普段の生活の中では、アバウトに「それ、体にいいよね」で会話は通じますが、科学的に考える場合には、量を言わないと意味がないのです。

極端な話、毒とされているものでも微量なら薬になることもあるわけで、物事は定性と定量の両方の条件を満たして、やっと科学の議論の俎上に乗せることができます。

なぜこんなことを長々と述べるかと言うと、気象は天文などと違って、数値化、定量化することが難しい学問だからです。

気象学のことは英語で、developing science（デベロッピングサイエンス）という言い方がありますが、日々の気象によって理解が修正される、まさに発展途上の学問といえるでしょう。

気象予報士として天気を解説する場合にも、この定量的という視点はとても大事です。大雨が降るといっても大雨とは一体何㎜のことなのか。降り方も短い時間に大量に降る場合もあれば、それほど強くなくても長い時間降り続けば災害に結びつくこともあります。

昔は大雨と言えば、単純に1時間雨量とか3時間雨量などで判断していましたが、現在では表面雨量指数とか、土の中にどれほどの水が含まれているかの土壌雨量指数など、その判断の指標も多くなっています。

一般の方が、これらの情報をすべて把握することは難しくなっていますが、だからこそ気象予報士という複雑な気象情報を通訳するような職業が、必要になってきたと言えるでしょう。

この本では気象予報士とはどんな仕事なのか、お天気キャスターを目指す方にも、その指標になるような具体例、さらに私自身のこれまでの経歴なども書いてみました。

72歳になった自分のことを、改めて本にすることはとても気恥ずかしい気がしますが、少しでもこれから気象の道を目指そうとする方にお役に立てればと思い、敢えて書かせていただきました。

蛇足ですが、私がテレビに出始めたのは1978年、28歳の頃です。その頃は日本でいちばん若いお天気キャスターでした。そして現在、日本最年長のお天気キャスターを自負しています。いつまでこの仕事ができるかわかりませんが、自分なりに努力を続けようとは思っています。

森田正光

気象予報士という生き方　目次

## 3章 気象予報の歴史と発展



## 4章 気象予報士になるには

## 5章 これからの気象予報士

# 1章

# 幼少期から日本気象協会を独立するまで

## 甚大な被害を出した伊勢湾台風

私は1950年4月3日、愛知県名古屋市に生まれました。高蔵神社のすぐ近く、祖父、父親とも板金工という職人一家で、男3人、女1人の兄姉の次男として育ちました。

小学3年生のとき、忘れもしません。私はかの有名な伊勢湾台風に遭遇しました。1959年9月26日、土曜日。午後4時過ぎに紀伊半島の潮岬に上陸した大型の台風が、夜の9時近くになって名古屋にやってきたのです。それまで経験したことがないものすごい嵐で、私の家はミシミシと音を立てながら大きく揺れていました。

目の前では、中学3年生の兄が必死に自転車をこいでいます。停電になったので、自転車のヘッドランプを明かりの代わりにしようと言うのです。当時、自転車は貴重品だったため、どこの家でも玄関の中に置いていました。ヘッドランプは、自転車をこいでいる間だけ明かりがつく仕組みになっているので、兄はヘッドランプの明かりを消すまいと一生懸命こぎ続けていました。今思えばまるでコントのようなエピソードですが、そのときは家族全員が大真面目でした。私も怖くて仕方がなく、夜中の12時になっても眠れず、両親の傍でただじっとしていました。

伊勢湾台風の被害は甚大でした。死者4697名、行方不明者401名、全壊家屋3万6180棟、半壊家屋11万3000棟、流失家屋4700棟、床上浸水15万7858棟、床下浸水20万5753棟……。台風の最大瞬間風速は、潮岬で48・5m、名古屋で45・7m、中心気圧は名古屋で958・5mb（ミリバール、当時の単位）……。

確かに大型で強い台風でしたが、今ならこれほど多くの命が奪われることはなかったはずです。これだけ大きな被害を出した理由は、私が日本気象協会で仕事をするようになってからわかりました。主な理由は3つあります。

1つ目は、今と違い家のつくりが粗末だったこと。木造がほとんどで、窓枠はアルミサッシではなく、すきま風が入るような木の枠。雨戸も今のように立派なものではなく、台風がくるとわかったときは、家の外側と内側と両方から板を打ちつけて備えていました。

2つ目は、高潮に対する対策が不十分だったこと。台風になると、強い風が吹いて気圧が下がります。その影響で海水面が高くなることを、高潮と言います。高潮になると、高波が陸に押し寄せてきて、家屋は水に浸かり、最悪流されてしまいます。それで、亡くなったり行方不明になったりする人も出てくるのです。台風災害で、最も怖いのがこの高潮ですが、現在の日本では、防潮堤や防波堤ができているので、高潮の被害は少なくなりました。

3つ目は、そもそも台風の情報が、住民に正確に伝わっていなかったこと。私が日本気象協会に入社したとき、直属の上司だった島川甲子三さんは、常々「森田君、天気予報は伝えてなんぼだよ」とおっしゃっていました。島川さんは、伊勢湾台風襲来当時、名古屋地方気象台の予報官でした。

当時の台風予測の基本は「類似台風」と言って、似たコースの台風を探すところから始まります。また季節的に、台風がどのようなコースをとることが多いとか、それに高層天気図の風の流れなどを加味して判断していたそうです。伊勢湾台風が南海上にあった2日前、島川さんたちは巨大な台風の接近があるかもしれないと考えていました。そして上陸前日の9月25日には、この巨大な台風の上陸は免れないと危機感を強めていました。

伊勢湾台風上陸当日、名古屋地方気象台は、午前11時15分に暴風雨警報、波浪警報、高潮警報などを発令し、記者会見も開き、当時の技術水準としては、最良の注意喚起を行いました。

しかし結果は、まさかの大災害。島川さんらは数日後、被害の大きかった地域を訪ね、小学校、役場、警察がどのように台風の情報を受け取ったか聞き取り調査をしました。そこで島川さんは、情報がまったく住民に届いていなかったことに愕然《がくぜん》とします。当日は土曜日だったため、役所は半日で終了。正しく引き継ぎがなされず、情報は担当者の机の上に放置されていたそうです。また、予想進路が伊勢神宮付近を通っていたので、「伊勢神宮は昔から災害が避けていく」として、予想進路を信じない人も多かったと言います。

じつはこの伊勢湾台風の2年後、1961年9月には伊勢湾台風より強い第2室戸台風が近畿地方を襲います。しかしこのときの死者数は約200名でした。亡くなった方を定量的に論ずるのは意味のないことかもしれませんが、第2室戸台風のときは伊勢湾台風の教訓が活かされ、インフラはほとんど変わっていないのに、被害を軽減させることができました。ちなみに島川さんは、その後「どんないい情報でも届かなければ意味がない」と考え、5年後に気象台を退職し、名古屋のNHKで気象解説を担当。日本でのお天気キャスターの草分け的存在として活躍されました。

伊勢湾台風上陸の翌日は、まさに台風一過。抜けるような青空とは正反対に、あたりは無残な光景が広がっていました。幸い、比較的高台にあった私の家は、少しの損害だけで助かりましたが、土地が低い地域では、どこを見ても水、水、水……。家々は水に浸かり、壊れた家の残骸と動物の死骸が、水の上を漂っていました。

私の家の近くには数軒の映画館があり、映画が大好きだった私は、父や兄とよく通ったものです。なので、台風でめちゃくちゃに壊れた映画館を目の当たりにしたときは、とても悲しい気持ちになりました。とくに被害が大きかったのが「オデオン座」という映画館で、屋根はつぶれ、壁も壊れて全壊状態でした。

これはウソのような本当の話なのですが、オデオン座では、台風がくる少し前に、石原裕次郎主演の『嵐を呼ぶ男』と『風速40米《メートル》』の2本立てを上映していました。また、台風がきたときは小林旭主演の『銀座旋風児』が上映されていました。

「裕次郎が台風を呼んだんだよ……」

と、大人たちがしばらくの間、冗談話で盛り上がっていたのを覚えています。

私は、伊勢湾台風を体験したことで、自然災害の恐ろしさを実感しました。

「この体験が、天気に関わる仕事を目指そうと思ったきっかけです！」

と宣言できればカッコよかったのですが、正直なところ私がお天気キャスターになったのは、まったくの偶然です。当時小学3年生の私は、目の前の惨状にただただ驚くばかりでした。それでも、このときの体験が、今のお天気キャスターという仕事にとても役立っているのは事実です。この体験がなかったら、私の解説スタイルは変わっていたかもしれません。今でも台風がくるたびに、伊勢湾台風の体験を思い出します。そして、自然と解説に力が入ってしまうのです。

## プラネタリウムに憧れ、さまざまなアルバイトを経験

私は、子どもの頃から特別、天気に興味があったわけではありません。ただし、科学的なことは好きでした。小学4年生くらいのとき、顕微鏡を買ってもらい、毎日顕微鏡でいろんなものを観察していました。自分の心の中には、科学とか自然のものに対する興味、関心が確かにありました。それを実感したのが、プラネタリウムとの出合いです。

家の近所の白川公園（名古屋市）につくられた科学館の中に、当時日本最大規模のプラネタリウムがありました。父親に連れられ、初めてプラネタリウムを見たとき、「へぇー、宇宙はこんなふうになっているのか」とものすごく感激してすっかり天文の虜《とりこ》になりまし

た。小学校6年生のときには科学クラブに所属し、夏休みなどは小学校の屋上に設置されていた天体望遠鏡でよく星の観測をしました。

とにかくプラネタリウムが大好きだったので、日曜日ごとに自転車で科学館へ通い続けました。毎週、違う星座の話を解説してくれる人がいて、その話がとても面白かったことを記憶しています。気の利いたユーモアを交えたりして、今思うと私の解説スタイルに通じるものがあったように感じます。科学館には、プラネタリウム以外にも星や宇宙のことについて、いろいろな展示がしてありました。昔は遊ぶ場所が少なかったので、科学館に行くことも娯楽の一つでした。遊びながら科学的な知識を身につけることができて、まさに一石二鳥。おかげで小学生の頃、理科や科学が大好きになりました。

中学生の頃の記憶はあまりないのですが、中学2年生のときに父親が脳溢血で亡くなるという不幸に見舞われました。私は葬式のとき、幕の裏で泣きながら「将来、自分が偉くなったら、自分のプロフィールのところに、『中学2年、父親死す』と書く」と心に決めました。しかし、今ではそんなことはすっかり忘れてしまい、どこにも書いたことはありません。ただ、父親が亡くなってから、母や兄はかなり苦労をしたのではないかと思います。

母親には経済的に負担をかけながら、それでも何とか高校には進学しました。とはいえ一生懸命勉強したかと言えばそんなことはなく、むしろ友達とぶらぶらしたり、アルバイトをしまくっていました。とにかく高校時代は、ありとあらゆるアルバイトをしました。地図の訪問販売、中日球場でのジュースやサンドイッチなどの売り子、クリスマスケーキの販売、船の倉庫の洗浄、港湾荷役、工場のコークス運び……。

度胸がついたのは、地図の訪問販売のアルバイトです。なかなか買ってもらえませんでしたが、飛び込みで見知らぬ家を訪ねて、買ってもらえたときの面白さは、今でも忘れられません。また、港湾荷役のアルバイトでは、50kgの荷物運びをさせられて、ダウンしたこともあります。当時、私の体重は45kgくらいしかありませんでした。ところが、私より小柄なおじさんが、重い荷物を軽々と運んでいるのです。

「にいちゃん、こうやるんだよ」

おじさんは、荷物運びのコツを親切に教えてくれました。港湾荷役のアルバイトは大変でしたが、工場のコークス運びのアルバイトよりはまだマシでした。工場のコークス運びのアルバイトは、コークスを運ぶたびに、鼻の穴と言わず耳や口の中まで、体中が真っ黒になってしまうのです。「将来、この仕事だけはしたくない」と切実に思い、そのとき生まれて初めて本気で将来のことを考えるようになりました。

高校時代の私は、アルバイトや遊ぶことに忙しく、正直勉強は二の次でした。でも今思うと、アルバイトに明け暮れた日々は、人生においてムダではありませんでした。アルバイトで見聞きすることが新鮮な体験であり、面白くもあり、お金を稼ぐことの苦労だけでなく、いろいろな人間模様や社会勉強ができました。将来の進路については、漠然と一芸に秀でた人、職人のようなプロと言われる人になりたいと思っていました。これはおそらく、板金工の職人だった祖父や父の影響だと思います。

高校3年生のとき、いよいよ進路を決めなくてはいけなくなり、なんとなく大学は行った方がいいのかなぁとは思っていました。

しかし、父親がいなかったので、母親に経済的な負担をかけたくないと思い、就職しようかと迷っていたときのことです。担任の石黒先生に、「おい、森田、これなんか、かたそうだし、いいんじゃないか」と財団法人日本気象協会を勧められました。

採用されるかどうかは自信がありませんでしたが、とにかく試験を受けてみることにしました。結果はなんと合格。その年、18名受験して、合格者は2名でした。

採用試験のときの作文に、「今は天気を予測するのに留まっているが、将来的にはコントロールすることが必要だ」というような内容を書いたことを覚えています。

当時の私は、人類が自然に挑戦することは、とても価値があることだと考えていました。ところが、日本気象協会に入って自然のことをいろいろと勉強していくうちに、自分の考えが間違っているのではないかと思いました。

「お天気をコントロールしようなんて、おろかな考えだ。そのままそっとしておくのがいちばんいい」

しかし現代、人間がすでに自然を変えつつあるので、それをどうするかの答えはまだ誰もわかりません。日本気象協会の採用試験に合格したものの、大学にも未練があったため、受験はしました。大学は現役合格にこだわっていたのですが、結果はこちらも合格。

「やっぱり、大学へ行こうかな」と思い、日本気象協会東海本部の総務課長・大野光男さんに報告に行きました。

「森田君は、こういう仕事に向いているんじゃないかな。才能と素質があるんだから、天気の仕事をやってみたらどうか」

大野さんの説得は的確でした。

「法学部に受かったので……」

「法学部？　理系だったらいいけどね。うちに来れば気象大学校の通信教育もあるし、そういう勉強をしたほうが、森田君にはいいんじゃないか」

「でも、僕は数学や物理なんかは苦手です」

「そんなもの、別に関係ないよ」

このようなやりとりがあって、とりあえず1年間は勤めてみようかという気持ちになりました。

私は、高校を卒業して3月から日本気象協会東海本部に通い始めました。3月はほとんど研修で、しかも1カ月も働いていないのに3月20日になると給料をもらいました。2万5000円くらいあったでしょうか。思わず高校時代のアルバイトと比べてしまいました。当時のアルバイト代は、まる1日働いても700〜800円しかもらえませんでした。正直、「これは、なかなかいいな」と思いました。

## 日本気象協会東海本部の職員になる

１９６９年、18歳の春、私は正式に日本気象協会東海本部（名古屋市）の職員となり、社会人として新たなスタートを切りました。

新人の私を待ち受けていた仕事は、毎日毎日、来る日も来る日も、ラジオ天気図と国際式の天気図を書くことでした。日本気象協会東海本部は、名古屋地方気象台の構内にありました。

入社して約1カ月、毎日天気図を書き続けた後、ようやく気象台の観測課に派遣されました。そこで、気象台の観測部員についてまわり、観測のノウハウを覚えるのです。当時は、徒弟制度のような形で、いろいろなことを教わりました。

現在は、そんな観測方法の勉強はしないでしょう。そもそも、天気図も自動的にコンピューターが書くので、天気図を手書きすることはほとんどありません。そう考えると、私は幸か不幸かわかりませんが、とにかく時代はまだまだアナログだったのです。

当時いちばん驚いたのが、「電報」と呼ばれる5桁の数字で気象情報が入ってくることでした。天気図を書くには、気象情報の数字を天気図記号に置き換えなければなりません。今では自動的にコンピューターが書いてくれますが、手書きの場合は「5の意味は○○」「14の意味は○○」というように、全部記憶していないと書けないのです。天気図記号は約100種類あります。01、02、03から99まで、全部覚えるのは至難の業。でも、いちいち変換表を確認していたら遅くなってしまいます。私は「え!? これ、全部暗記するの？絶対無理」と思いました。

しかし、私よりも上の世代は、これを数字ではなくてモールス信号で行っていました。モールス信号を聞きながら、それを書きとって天気図にしていたのだそうです。泣き言を言う私たち新人に、先輩は、「君たちはまだ楽だよ。モールス信号なんか、聞き取り忘れたら終わりなんだよ。数字の場合は、残っているからまだマシじゃないか」とよく言っていました。

天気図記号を記入することを「プロット」と言いますが、そのうち私はものすごくプロットが速くなりました。とにかく、毎日毎日書いていたので、当時の私はおそらく、日本でも有数のプロッターだったと自負しています。

今はすべてがコンピューター任せなので、天気図を自分で書けないのは寂しい気もします。

天気に興味があったわけではなく、まったくの偶然で入った職場でしたが、実際に入ってみると予想外に楽しい日々が待っていました。私が配属された解説予報部は、日勤・夜勤・明け・休み、日勤・夜勤・明け・休み……を繰り返します。「日勤」は朝9時から夕方5時まで、「夜勤」は午後4時から翌朝の10時まで、そして夜勤の翌朝の10時以降を「明け」と言います。私はこの勤務体制が、すっかり気に入ってしまいました。

日勤は一日中仕事ですが、夜勤は夕方から仕事なので昼間は自由。明けは朝10時に仕事が終われば、その後は自由、さらに翌日は休みです。というわけで、私には夢の週休3日制に思えたのです。夜、少しの仮眠しかとれない夜勤は重労働ですが、当時の私は若くて元気が有り余っていたので、昼間に自由な時間があることが好都合でした。普通の大学生よりも時間はあるし、給料までもらえるので、「こんな楽な仕事で、お金をもらっていいのかな」と思ったりもしました。

夜勤の日も明けの日も、家でのんびり過ごすことはありませんでした。私は今でもそうですが、映画が大好きなので、休みの日には3本立ての映画を3館ハシゴ（合計9本）したり、読書をしたりしていました。映画や読書は、とてもいい勉強になります。いろいろな人の考え方や生き方を学べ、外国の文化や暮らしぶりも知ることができます。

とくに映画はあまりにも好きになり過ぎて、映画評論家になろうかと思っていたくらいです。でも、英語ができなかったので断念しましたが。ちなみに当時観たたくさんの映画は、今の私の解説にとても役立っています。

とりあえず1年間だけやってみるつもりの仕事が、気付けば2年経っていました。1971年、20歳になっていた私は、「名古屋タイムス」という新聞に、天気概況のコラムを書くことになりました。

「春3月は、風の月です」

3月は1年の中でいちばん強い風が吹き荒れるということを説明したくて、このような書き出しで原稿を書きました。これが、先輩から大変褒められ、すごく嬉しかったことを覚えています。じつは作文は、中学生の頃から得意なほうで、日本気象協会に入れたのも作文のおかげだと思っているくらいです。

また、マスコミ向けの天気解説を担当するようにもなりました。いちばん早い仕事は、朝5時10分放送のラジオ番組でした。これに備えて、2人1組で泊まり込みます。そして朝4時に起きて、新聞向けの天気図をつくり、「北西の風が強く、一日中、寒いでしょう……」というようなラジオ解説の原稿を書いて読み上げるのです。

若い頃から、気象台の予報官や気象協会の先輩たちに、予報の基礎技術、初歩的な解説技術を学べたのはとてもためになりました。ただし、当時の私は結構生意気で、先輩たちが定型的に表現するのを、自分だったら違う言い方をするなぁなんて思っていました。

当時、名古屋ではテレビ出演の機会はNHKだけで、上司であり今では尊敬してやまない島川さんが出演していました。

「さすが、島川さんの解説はうまいなあ」と感心しつつ、島川さんはなんであんなに準備に時間をかけるのだろう、自分ならもっと早く仕事ができるのに、というように、今なら赤面するようなことも考えていました。

年を経て、10を調べても実際には1か2しか表現できないということを知りましたが、その頃は島川さんの解説にまで、とにかく〝批判的に見る〟ことが正しいのだと、カン違いしていました。

なぜこんなに生意気だったかと言うと、当時は学生運動の全盛期。世の中がすべて批判的で、私も少なからず影響を受け、組合活動にも参加していました。この時期の私は、とにかく世間と反対のことを言うのがカッコいいと思い込んでいたふしすらありました。今でいう黒歴史です（笑）。

それでも、相変わらず映画鑑賞と読書は続け、哲学書や評論集など難し過ぎて理解できない本まで乱読していました。今思うと、当時の〝背伸び〟が役立っていると思うことがあります。解説に困って言葉を探していると、突然、詩の一部が浮かんできたり、短歌や俳句が出てきたりするからです。

私よりも上の世代には、漢文の素養があり、故事来歴や歴史に大変詳しい方々が大勢います。気象協会や気象台にも、新聞の原稿を書いたりするからか、歳時記や暦についても造詣が深い方々が少なくありません。

あるとき、その中でもとくに博識な予報官に質問しました。

「どうして、そんなに頭の中にいろんなことが入るんですか？」

「いや、背伸びしているだけだよ」

とおっしゃいました。

将棋や囲碁でも、定跡（囲碁では定石）というのがありますが、とにかく理由がわからなくていいと言われるものを丸暗記する。そして、そのうち、それが自分の中で知識となっていることがあります。とにかく、若いうちは背伸びをして、見栄を張ることが大切なのかもしれません。なぜなら、見栄を張れば、恥をかきたくないと、また勉強する原動力になるからです。

## 名古屋から東京へ

天気に興味があるわけではなく、ただ受かっただけで始めた仕事でしたが、あっという間に5年が経ちました。ある日、私は上司の島川さんに呼ばれました。

「森田君、君は転勤するつもりはないかね」

「どうしてですか」

「君のような優秀な若者が、このまま組合運動ばかりやっていると、ダメになってしまうような気がするんだ。名古屋以外で、もっと天気予報の勉強に取り組んでみてはどうかね」

当時は組合をつぶすための転勤かと考えましたが、何もわかっていなかった私のことを

本気で心配してくれていたのだと思います。以前から東京に行ってみたかったので、

「東京なら、転勤してもいいですよ」

と返事をすると、研修という名目で東京本部へ転勤することになりました。この転勤がなければ、今とはまったく違う人生になっていたと思います。まさに人生の節目、ターニングポイントでした。

私は名古屋生まれの名古屋育ち。生まれ育った名古屋を離れるのは初めてです。

「よし、東京でいろんなことが学べる」

こうして決心も新たに、日本気象協会の東京本部に出勤したのですが、東京での仕事は想像以上に厳しいものでした。東京本部の仕事は、E⇓D⇓C⇓B⇓A⇓T⇓N……というように、いくつかのパートに分かれていて、パートによって仕事の内容や難易度が異なるのです。Eパートは、いちばん簡単ですが、単純作業が多く、お茶くみなどの雑用もこなさなければなりません。Dパートは当時の電信電話公社（現在のNTT）、CパートはラジオＮ局、BパートはTBSラジオ、Aパートは日本テレビ、TパートはTBS、NパートはNHKの担当という意味です。

Dパートの主な仕事は、電話の177番に天気予報を吹き込むこと。CパートとBパー

トの仕事は、ラジオで天気予報の原稿を読むこと。ラジオの仕事には「一方通行」と「掛け合い」があります。「一方通行」はこちらが一方的に話す方法、「掛け合い」は相手のパーソナリティと話しながら番組を進める方法です。「一方通行」は簡単なのでCパート、「掛け合い」は難しいのでBパートに分類されていました。Aパート、Tパート、Nパートは、テレビの解説の仕事です。

名古屋から異動してきたばかりの新参者の私は、当然のことながらEパートからのスタートでした。夜食を作ったり食器を洗ったり、先輩からの雑用を頼まれることも多く、天気予報に関係する仕事と言えば暗算くらいなのですが、これが辛いのなんの。前日と今日の天気図を比べて、気圧がどれだけ変化したかを、次々と2桁の数字を暗算で出していくのです。単純な計算を、来る日も来る日も延々と続けるのは苦痛でした。

私はこの仕事を1年近く続けました。辛くて退屈な仕事が多かったEパートですが、一つだけ楽しみな仕事がありました。それは、気象庁の予報官のアシスタントという仕事です。予報官とは、お天気のデータを見て、天気予報をする人のこと。当時日本の中で唯一、天気の予報をすることを許可された人たちです。お天気解説者の卵の私にとって、予報官は憧れの的。隣に座って仕事を手伝えるのが、楽しくて仕方ありませんでした。

ある日、奥山巌さんという予報官のアシスタントをしていたときのことです。ラジオ放送用の原稿を、奥山さんの言う通りに原稿用紙に書きとっていました。

奥山さんが天気図を見ながら、「小笠原諸島の、北緯25度……」というのを、原稿用紙に書いていきます。

「おたく、速いねえ」

奥山さんが突然、ボソッとつぶやきました。

「君がいちばん速いよ」

憧れの予報官に褒められて、私はウキウキとした気分になりました。

今思えば、書くのが速いと言われただけなのですが、当時は褒められたのが嬉しくて、辛いEパートの仕事に耐えることができました。

## 前代未聞の「3回連続穴あけ」事故を引き起こす

EパートをD卒業した私は、Dパート、Cパートと順調に階段を上っていきました。D

パートを担当した当初は、177番の録音のときでさえ、録音した声が大勢の人に聞かれると思うと、緊張で何度もやり直したこともありました。

しかし、文化放送やFM東京などのラジオ局の担当であるCパートになった頃には、マイクを前にしても、それほど緊張することもなく、落ち着いて話せるようになっていました。東京へ来て2年が過ぎようとしていた頃です。2年でCパートの担当になるのは、じつは異例のスピード出世でした。転勤者だから早めに仕事を覚えさせようという管理職の判断もあったかもしれませんが、もう一つは私の「仕事を早く終わらせて遊びたい」という気持ちでした。遊びたいがために仕事を素早くこなし、それによって認められ出世していったのですが、もともとお調子者だった私は、「働くってチョロいぜ」と仕事をなめるようになっていました。

そして、この気持ちが、取り返しのつかない大失敗を引き起こすのです。当時、気象協会で語り草になった前代未聞の「3回連続穴あけ」です。「穴あけ」とは、本来放送しなければいけない時間帯に、何かの理由があって放送できなかったことを言います。いわゆる放送事故です。3回ともFM東京でした。

1回目は、マイクのスイッチ（カフ）の入れ忘れです。マイクの前に座った私は、天気予報の原稿を読んだのですが、マイクのスイッチを入れ忘れてしまったため、私の声はラジオから流れませんでした。時間にして約1分間。天気予報を聞こうとラジオに耳を傾けていた人たちは、さぞ驚いたことでしょう。ラジオからはBGM（音楽）が流れてくるだけ。普通、5秒以上無音だと放送事故と言われるのですが、それが1分間も空白だったわけです。

2回目は、気象協会の中に設置されたラジオ局のブースを間違えたことで起きました。FM東京で天気予報の原稿を読んでいなければならない時刻に、私はなんと文化放送のマイクの前にいたのです。単純なうっかりミスです。

3回目は、台風が原因でした。その日、関東地方に大型台風が接近したため、殺到した問い合わせの電話の対応に追われているうちに、放送時間が過ぎてしまったのです。

3回の穴あけは、約1カ月の間に連続して起こりました。

「こんなことは、前代未聞だ」

上司には怒られるし、ラジオ局のほうも怒り心頭です。当然のことながら、私は謹慎処分となり、しばらくの間放送の現場から外されてしまいました。楽天的な私も、このときばかりはさすがに落ち込み、今まで調子に乗っていたことを反省しました。「今すぐ名古屋に帰りたい」とまで思いつめました。

しかし、人生とはわからないものです。大失敗から数カ月が過ぎ、東京での研修期間の3年間が終わろうとしていたとき、TBSラジオの仕事が回ってきたのです。

「よし、これが最後のチャンスだと思って頑張ろう！」

私は、別にテレビやラジオに出たいと思っていたわけではないのですが、このまま名古屋に帰るのは恥ずかしいと感じていました。穴あけ事件で迷惑をかけた人たちに、少しでも恩返しできる人間になろうと思い、今度だけはしっかりやろうと決心しました。

TBSラジオの仕事は、「おはよう土居まさる」のお天気コーナーでした。この仕事は「掛け合い」なので、Bパートになります。

「雨が続いていますが、この雨はいつまで続くのでしょうね。森田さん」

「やまない雨はないといいますから、明日のこの時間にはやんでいるんじゃないでしょうか」

という感じで、会話のキャッチボールをするのです。

土居さんと私は、お天気のことだけでなく、ちょっとした冗談も言い合いました。
土居「森田さん、この後のお天気は？」
森田「晴れたり曇ったり、雨も降ったりで全天候型です」
土居「全天候型って！　カメラじゃないんですから」

土居「週末はどうですか？」
森田「週末は野球を観に行こうと思っています」
土居「あなたの予定を聞いてませんよ。天気のこと聞いているんです」

こんな調子でした。天気についてアドリブで聞いてくる土居さんの質問に答えられるようになろうと、必死に勉強しました。すると、土居さんと私の息はピッタリと合って、まるで漫才のような「掛け合い」だと、評価されるようになりました。
しばらくして私宛てにファンレターが何通も届くようになり、中にはプレゼントを送ってくれる方も現れました。私は、とにかく面白い解説をしようと考えていました。結論を最初に、それも簡単に話して、わかりにくい専門用語はなるべく使わないようにしました。とくにラジオでは、イメージしにくい言葉を使うことを避けました。ファンレターが届いたのは、「これまでとは、まったく違うスタイルの天気予報だ」とラジオを聴いている人たちが、感じてくれたからだと思います。

## 解説はわかりやすく、やさしく、自分の言葉で

Bパート（ラジオの掛け合い）を担当するようになった私は、単に面白いだけでなく、正確な気象情報を伝えることにも力を入れました。

あるときは、天気予報が外れた理由を、淡々と解説したこともあります。

「低気圧の位置が２００km東に動けば雨の区域も２００km東に広がります……」

それを偶然聴いていた著名な国文学者の池田彌三郎氏が、新聞のコラムで「今までに、これほど美しい天気予報を聴いたことがない」と書いてくださいました。私はとても感激しました。

「とにかく、人とは違うやり方で解説をしよう」

パターン崩しを心がけたと言えばカッコいいのですが、じつはそれまでの解説マニュアルを覚えられなかったというのもありました。当時は、日本気象協会発行の「天気予報の手引き」というマニュアルがあり、それが新人が最初に読む天気予報の基本になっていたのです。私は、天気図をパッと見て、3分間しゃべるトレーニングに取り組みました。なので、今でも天気図が1枚あれば、それだけで何分間かしゃべることができます。

このときのトレーニングが、後にテレビの解説をするようになってから役立ったことがあります。ある日、電車の事故に巻き込まれてしまい、ようやくテレビ局にたどり着いたのが、本番開始直前でした。私は、天気図と気象衛星「ひまわり」から送られた写真だけを見ながら、ぶっつけ本番で解説して事なきを得ました。

天気予報の世界では、「天気図3000枚」という言葉があります。これは専門的な上空の天気図など、さまざまな天気図を3000枚くらいは書かないと、一人前の予報者にはなれないという意味です。私は自慢ではありませんが、これまでに1万枚以上の天気図を書いていると思います。ですから、このパターンの天気図なら、明日は晴れるとか雨だとか、たいてい判断できます。それでも、予想が外れることがあるので、本当に天気は難解です。また、当然ながら、365日、まったく同じ形の天気図はあり得ません。ただし、同じような天気図のパターンは、いくつかあります。西高東低の冬型、秋雨前線、菜種梅雨などがそうです。そのパターンに当てはまれば、大まかな天気のシナリオは外しません。

ただ、天気予報が外れるときは、もともとそのシナリオ自体に誤差があるときです。例えば、雨の確率が20％くらいあっても、わかりやすさを優先して「今日は、晴れます」と断言するケースです。

「今日は、雨が降るかもしれませんが、たぶん晴れます」

こんな説明では、天気予報になりません。天気予報の難しいところは、天気図が似たようなパターンでも、高気圧の位置がわずか100km離れていただけで、雨になったり晴れたりすることです。100kmの距離の差は一般的には結構な距離に感じるかもしれませんが、天気予報の世界では誤差です。つまり、天気図には、絶対に外しようのないパターンと、これはちょっと微妙だなという2つのパターンがあるのです。

東京本部に転勤してから、私は知り合いも少ないこともあり、名古屋時代にも増して映画をよく観るようになりました。この時期に集中してたくさんの映画を観たことが、後にお天気キャスターの仕事、とくに表現力においてとても役立ちました。

また、この時期、将棋にものめり込みました。私は自分の腕前にかなり自信をもっていましたが、ある日、当時NHKテレビの担当の先輩と勝負をしたら、コテンパンに負けてしまったのです。先輩は初段くらいの実力だったと思います。負けず嫌いの私は、先輩に勝ちたい一心で将棋道場に通い始め、結局三段まで上達しました。私は凝り性で、何でも壁に当たるまでやらないと気が済まない性分です。しかし、この将棋が後に大きな意味をもつことになるのです。私は、将棋を勉強するために、よくテレビの将棋番組を見ていました。あるとき、芹沢博文九段（故人）が解説を担当されていました。

「なんて、面白くて上手な解説なんだろう」

私は思わずうなってしまいました。ほかにも解説が上手な棋士はたくさんいましたが、芹沢九段はとにかくユーモアのセンスが抜群でした。さらに、一瞬にして十数手先まで言い当てる読みの鋭さにも、プロに対する敬意を感じました。このような芸当は、膨大な知識の量の裏付けがないとできません。

「芹沢九段のような素晴らしい解説を、なんとかして天気予報でもできないものか」

考えた結果、そこから導き出された答えは、解説はできるだけ「わかりやすく、やさしく」が鉄則ということでした。難しい質問をされたときだけ、難しく答えればいいのです。当時の一部の気象解説者たちは、マニュアルを守ることばかりに固執して、初めから言葉を選ぼうとしませんでした。だから、解説者の顔が見えず、どの解説者も同じ人、同じ顔に見えてしまっていたのです。

「これからは、できるだけ自分の言葉で解説しよう」

私は、将棋の芹沢九段の解説を見て、かたく決心しました。

## 生放送でアンパンをガブリ

土居まさるさんには、ラジオ番組終了後も、何かと気にかけていただきました。1978年の秋、土居さんはご自分が司会をされていた『土居まさるの30分』というテレビ東京（当時は東京12チャンネル）の番組に、私をゲストとして招いてくれたのです。これが、私の記念すべきテレビ初出演でした。初めてのテレビ出演は、めちゃくちゃ緊張したことを覚えています。私は例の伊勢湾台風のエピソードを話しました。

「実家の近くの映画館で、台風の少し前に石原裕次郎主演の『嵐を呼ぶ男』と『風速40

米《メートル》』が上映されていたんですよ。周りのおじさんたちは、伊勢湾台風のことを裕次郎が台風を呼んだとウワサしていました……」

これがウケて、その後も何度かその番組にゲスト出演させていただきました。

その当時、私はまだＢパート（ラジオ番組）の担当だったので、本来はテレビで解説する立場ではありませんでした。しかし、その番組を見ていたＴＢＳのプロデューサーの目に留まり、私をＴＢＳテレビに出られるよう気象協会に推薦してくれたのです。

それから間もなく、私は『アップルシティ５００』という番組にレギュラー出演することになりました。32歳のときのことです。毎日夕方の5時から始まる若者向けのバラエティ番組で、司会はとんねるず、柳沢慎吾、夏木ゆたか、片岡鶴太郎など、その後有名になった人たちばかりです。公開生放送だったので、会場には多くの若者たちが詰めかけていました。出演者のほとんどはアイドルです。野外スタジオの中は常に騒然としていて、アイドルが出てきたら「キャー！」。私のお天気コーナーが始まっても、ワイワイ、ガヤガヤ、誰一人聞いてくれません。みなさん、アイドル目当てで集まってきているので、気象協会のおじさんなんてどうでもいいのです。私は悔しくて仕方ありませんでした。なんとかしてこちらに注目してもらおうと、あれこれ考えました。

そしてある日、アンパンを持ってスタジオに入りました。

「みなさん、雨粒はどんな形をしているか知っていますか？」

「はい、これを見てください。アンパンの形をしているんですね。雨は球形をしているのではありません。空から落ちてくるとき、下からの空気抵抗があるので、球形を上下につぶしたような形をしているんです」

会場の若者たちは、私の解説に少しは興味を持ったらしく、アンパンを見ています。いよいよ、考えてきたギャグを実行するときがやってきました。次の瞬間私は、アンパンをガブリと食べて見せたのです。

「ワハハハハ！」

会場は、大爆笑に包まれました。

（よし、ウケたぞ！）

私は心の中で叫びました。それ以来、会場の若者たちは、「今日は何をやるんだろう？」と私のお天気コーナーにも耳を傾けてくれるようになりました。私も期待を裏切らないように、さまざまな小道具を作ったり絵を描いたりして、次々と斬新なアイデアを試しました。もともと「他の人とは同じことをしたくない」と考えていた私は、他の人が思いつかないことを考えて実行に移すのが性に合っていました。この番組を通して、私はますます「自分にしかできない解説」を追求するようになりました。

## 倉嶋厚さんに憧れて

私は、ラジオで多くのリスナーの前で話すようになって、自分の知識の浅さに気付きました。テレビに出演するようになってから、さらに今まで以上に本気で天気予報の勉強をしないとマズいと思うようになりました。テレビは視聴者の数がラジオの比ではないので、反響も大きく、間違ったことを言えば大恥をかくことになります。

正直、今までは心のどこかに「自分に合う仕事がほかにもあるかも」という思いがありました。しかし、ラジオやテレビに出るようになって、お天気の解説を一生懸命やろうと腹をくくりました。そうと決めたら、即実行です。天気、気象に関する本はもちろん歳時記まで片っ端から読み漁りました。

歳時記を読もうと思ったのは、お天気キャスターの先駆けとして活躍された倉嶋厚さんの影響です。当時、ＮＨＫに出演されていた倉嶋さんは、お茶の間の人気者でした。倉島さんの解説の特徴は、歳時記をうまく織り込んで話すことでした。

「倉島さんのような解説をしてみたい」

私も、歳時記や季節の話題を取り入れて解説するように心がけました。私だけでなく、当時のお天気キャスターたちは、倉嶋さんの歳時記を巧みに取り入れた解説を真似したものです。私が倉嶋さんと初めてお会いしたのは、45年くらい前だと思います。正確に言うと、気象庁のロビーでお見かけして、勝手に会釈をしただけでした。それまでに、倉嶋さんの著書を何冊か読んでいたので、すっかりファン目線で「あ！　倉嶋さんだ」と、内心ドキドキしたのを覚えています。

倉嶋さんから、私として認識されて声をかけていただいたのは、1985年頃だったでしょうか。気象庁のロビーで、倉嶋さんから「あっ、森田さん。あなた面白いね」と、おっしゃっていただいたのが嬉しくて、その状況は今でもはっきりと思い出すことができます。ちなみにその経験から私は現在、若い人と同席したときは、できるだけ声をかけるようにしています。

元鹿児島地方気象台長でNHKのお天気キャスターだった倉嶋さんは、日本の気象業界、そして気象解説の分野に多大な影響を与えた、偉大な人物です。気象庁時代も、多くの業績を残されています。例えば1977年、札幌管区気象台の予報課長だったとき、有珠山が噴火します。噴火で降り積もった火山灰が大雨で流れ出すと、火山泥流となって大きな被害をもたらします。そこで倉嶋さんは、雨の予報を元に泥流予報マニュアルを作成し、より早い避難ができるようにするなど、大きな成果を上げました。

また1983年、鹿児島気象台長時代は、桜島の噴火が大変活発な時期でもありました。この頃、鹿児島県内の関係機関から、「火山灰の予測ができないか」との相談を受け、上空100mから1500mの風の状況を提供するように配慮されました。これも今では当たり前のことですが、当時の気象データの民間への配信には賛否両論があったと聞きます。

倉嶋さんがテレビに出られるようになるのは、1981年の『テレビ気象台』という番組が始まりです。NHKの教育チャンネルで30分間、気象情報だけをメインにしたものでした。私は初めてこの番組を見たとき、その新鮮さと内容の濃さに感心したものです。

さらに倉嶋さんは1984年、気象庁を退職されると同時にNHKの解説委員になられ、『ニュースセンター9時』のお天気キャスターを担当されます。倉嶋さんの天気解説は、それまでの天気番組とはまったく違い、人間の身長よりもはるかに大きな天気図の前で、大きな身振り手振りをしながら自由に動き回るのです。その動作の大きさから、一部では「倉島体操」と揶揄《やゆ》される向きもありましたが、この画期的な天気番組は、多くの視聴者から支持されました。

例えば夏の暑い日、倉嶋さんはまず、その日の気温の変化をグラフ化して画面に見せます。そして、そのグラフの上に、自分が今日一日、温度計を持って歩き回った結果を載せます。つまり、通勤電車の中や公園の中、冷房の効いたビル内など人々が生活する実際の温度と、観測所で測られる温度は違うことを教えてくれたのです。

今思うと、これが日本の天気解説を変えた原点だと思います。それまでは、気象解説者は目立たないのが鉄則で、テレビ草創期の頃は指し棒しか画面に出ない時期もありました。その状況を倉嶋さんが画期的な方法で殻を破り、ご自身のお言葉を借りれば「風流気象学」を始められたのです。

「過去を見れば後悔ばかり、今を見れば苦しみばかり、未来を見れば不安ばかり……」という現状から、まずはすべて忘れ、今この瞬間、この目の前に広がる自然や季節といったものを、ただただ楽しむのが最も大切なことだというのが、倉嶋さんの言う「風流気象学」だと、私は考えています。冬の極寒や夏の酷暑を厭わず、むしろそこに楽しみを見つけるには、ある意味知識が必要だと思います。逆に言えば、自然や気象を学ぶことによって、楽しみが広がるということでもあるのでしょう。

また、倉嶋さんは、「熱帯夜」をはじめ、いろいろな表現を考案されたり、外国の言葉を日本に紹介されたりしています。その中でも、私は「光の春」という表現が好きです。「光の春」は、倉嶋さんがロシア語を日本語に翻訳したものです。日本では、春と言うと気温の上昇が真っ先にイメージされますが、春になっても気温が氷点下10℃、20℃のロシアでは、気温より先にまず光のちょっとした変化で春を感じるのだそうです。

その後、ありがたいことに倉嶋さんとは交流を持つことが叶い、ご自宅にも何度かお邪魔させていただきました。そのときにお聞きしたたくさんの貴重なお話は、私の宝物です。

倉嶋さんは、1年のうちでも最も暑さの厳しい、2017年8月3日にお亡くなりになりました。俳句の世界では、亡くなった方を偲ぶために「○○忌」と名付け、後世にその業績を伝えようとします。私は倉嶋さんが亡くなられた8月3日を、「熱帯夜忌」として、記憶に留めています。

## 「今を語る天気予報」へ方向転換

『アップルシティ500』が終わり、今度は早朝6時から始まる『おはよう気象情報』という天気番組に出ることになりました。放送時間は15分でしたが、アシスタントの女性アナウンサーと一緒に、司会もしなければなりませんでした。

お天気の解説者が司会もさせられた理由は、おそらく番組の予算が足りなかったのでしょう（笑）。司会者としてはド素人であるところにもってきて、本業の天気解説もこなさなければならず、ここでもかなり鍛えられました。この番組でお世話になったのが、番組の構成を担当する放送作家の高橋章介さんという方でした。高橋さんは、テレビ番組の基本から話し方まで、さまざまなアドバイスをしてくれました。

「森田君の話は面白いけど、何か違うんだな。歳時記の話なんかしたって、ダメなんじゃないかな」

「……」

「今起きていること、『今』の話をしゃべらなかったら意味がないんだよ」

15分番組と言っても、いざやってみるとじつに長いものです。それで、時間があまると、つい歳時記的な話題に振っていました。

「今日は立春です。立春と言えば……」

こんな感じでウンチクに頼っていたのです。

「どんな解説の話も、今、現在とつながっていなければ、意味がないんだよ」

高橋さんの言葉に、私は、目から鱗《うろこ》が落ちる思いでした。天気予報は占いと同様に、近未来のことを知りたいという欲望に根ざしているのです。ある学者によれば、高等動物になるほど、先のことを知りたがるのだそうです。

「今を語れば、先のことを予測することにつながる」

高橋さんのアドバイスをきっかけに、「今を語る天気予報」へと方向転換することにしました。「今を語る天気予報」とは、題材をできるだけ新しいところからもってくることです。

例えば、

「最近、牛肉が値上がりしているのはどうしてでしょう」

こんな身近な題材を取り上げます。

「じつは、この牛肉の値上がりは、昨年アメリカで起きた干ばつによって、トウモロコシなどの穀物相場が高騰していることが背景にあるのです」

このように、身近でわかりやすい話題を元に、天気の解説をするようにしました。

また、「今を語る天気予報」を徹底するために、台風がきたときなどは、レーダーや気象衛星を見ながらリアルタイムで解説するようにしました。これが、とても難しい高等テクニックなのです。

じつは、天気予報番組にも原稿があります。アナウンサーやお天気キャスターは、用意された原稿を読むわけですが、その原稿を書くのにかなり時間がとられてしまいます。台風がもうすぐ上陸するというときに、何時間も前に書いた原稿を読んでいては意味がないので、私は原稿を用意せず、できるだけ今現在のナマの画像を見ながら解説しました。このように「今を語る天気予報」を実践していたら、雑誌のインタビューの依頼がくるなど、マスコミに取り上げられることが増えてきました。

1987年秋、テレビのほうも、TBSの夜のニュース番組『情報デスクTODAY』に月1回ペースくらいで出演するようになり、やがて夕方のニュース番組『テレポート6』のレギュラー出演も決まりました。今でも忘れられないのは、番組がスタートしてから1

カ月ほど経ったときのことです。その日は11月8日、立冬でした。それなのに、私は「今日は冬至です」とはっきり言ってしまったのです。単純な勘違いです。

「今日は冬至なので、お風呂に入るといい日です。湯治というくらいですから」

ダジャレのつもりだったのですが、その瞬間から、TBSには視聴者から電話が殺到しました。

「今日は、立冬じゃないか。間違うとはケシカラン」

ダジャレだと気付いた人たちからは、

「真面目なニュース番組で、ダジャレを言うとは何ごとだ」

お叱りと抗議の電話が、しばらく鳴りやみませんでした。

「夕方の番組は、こんなに多くの人が見ているんだ」

私は、自分の大失敗を反省しながらも、その反響の大きさに驚きました。早朝番組のときは、ダジャレを言っても、お叱りの電話などは滅多にかかってきませんでした。お叱りの電話どころか、ファンレターをもらっていたくらいです。

しかし、そんな大失敗にもめげず、「今を語るわかりやすい天気予報」路線を歩んでいきました。すると、徐々に評判がよくなり、急激にいろいろな仕事が舞い込んでくるようになりました。注目されるのはありがたかったのですが、目立ち過ぎてしまったようで、次第に気象協会の中での居心地が悪くなっていきました。

そして、私は独立を考えるようになるのです。

## 天気予報のニーズは人それぞれ

ところで、気象庁には天気相談所があり、お天気についてのさまざまな質問に答えてくれます。天気相談所は、今も昔も夏休みの自由研究目当てで、子どもたちに人気です。しかし、天気相談所を利用するのは、子どもたちばかりではなく、幅広い年齢層の人たちから電話がかかってきます。最近はインターネットを見れば、瞬時に天気の情報を得られますが、30年くらい前は、大人たちからも毎日、たくさんの電話がかかってきました。その数はとても多く、相談所の職員は、一日中、電話の対応に追われていました。

当時、相談所に電話をかけてくる人のほとんどは、「明日のお天気はどうなりますか?」と聞きました。運動会や旅行など、何か特別な行事を予定している人が、どんなお天気になるか、あらかじめ知るために電話をかけてくるのです。中には、変わった聞き方をしてくる人がいました。しかも、毎日のようにかかってくるので、その人たちは相談所で有名になり、あだ名で呼ばれていました。

1人目は「自転車おじさん」。自転車おじさんは、ほとんど毎日電話をかけてきて、いつも同じことを聞いてきました。

「明日は、自転車で行けますか?」

ある日、不思議に思った相談所の職員が、どうしてそのような聞き方をするのか尋ねたところ、おじさんは「私は、自転車で通勤しているからです」と答えたそうです。おじさんにとって、「明日は雨」という天気予報だけでは不十分だったのです。雨でも小雨なら自転車で行けます。逆に、風が強く大雨になると自転車では行けません。おじさんが知りたいのは天気ではなく、「自転車で通勤できるか」なのです。

2人目は「風向きおばさん」。このおばさんは、毎朝「今日の風は、どっちから吹いてきますか?」と電話をかけてきます。やはり不思議に思った職員が、おばさんに尋ねてみると、「なるほど」と思ったそうです。おばさんの家の東側に工場があり、東風が吹くと工場の煤煙《ばいえん》が飛んできて洗濯物が汚れてしまうのです。つまり、おばさんは、毎朝、天気相談所で風向きを聞いてから、洗濯をするかどうか決めていたというわけです。

3人目は「雷にいさん」。

「今日は、雷がありますか？」

彼はいつもこう聞いてきます。この問い合わせにも、きちんとした理由がありました。彼は釣りが大好きで、よく夜釣りに出かけていたのですが、ある夜船の上でひどい雷に出くわして、危険な目にあったのだそうです。それ以来雷が怖くなり、雷の予報があると、決して外出しないようにしていました。また、「ところにより雷雨」「ところによりにわか雨」などの予報が出ると、『ところにより』の〝ところ〟って、どこですか？」と、必ず天気相談所に電話をかけてきました。

自転車おじさんも、風向きおばさんも、雷にいさんも、最初はちょっと変わった人だと思いましたが、よく考えてみると3人とも正しい聞き方と言えます。天気予報は、あらかじめお天気を知って、その日を快適に過ごすためにあります。さらに、災害や被害をできるだけ少なくするためにあるのです。そう考えると、この3人のエピソードは、天気予報の原点を思い出させてくれます。このように、毎日の生活の中で利用してもらえたら、苦労して予報を出す予報官も予報官冥利に尽きるのではないでしょうか。

## 独立のきっかけは湾岸戦争

夕方のニュース番組『テレポート6』に続き、『JNNニュースコープ』、『JNNニュースの森』とレギュラー出演するようになってから、私は自分の解説技術に少しずつ自信を深め、話のネタのストックも増えていきました。それと同時に、インタビューや原稿執筆、講演など、さまざまな仕事の依頼も増えてきて、なんとなく気象協会の同僚や先輩たちの視線が冷たく感じられ、徐々に居づらくなってきました。そんなとき、ニュース番組の構成作家や芸能プロダクションの知人から、独立することを勧められたのです。

「独立なんて、冗談だろう」

最初は、そう考えていました。親しい友達にも、「体調を崩したり、失敗したりしたらどうするつもりだ。気象協会にいれば、65歳の定年まで給料がもらえるんだぞ」と考え直すよう言われました。それでも、何度も何度も「森田さんなら、やっていける」と言われ続けていくうちに、「できるかもしれない」と気持ちが傾いていきました。

じつは、独立を決定的にした出来事がもう一つあります。それは、湾岸戦争です。1990年8月、イラクがクウェートに侵攻したために引き起こされた湾岸危機は、翌年1月、多国籍軍との間で戦争へと拡大しました。当時、世界中の関心は、イラクがクウェートに侵攻してから、「いつ戦争が始まるのか」ということでした。私は、気象上の側面から、「中東は夏から秋にかけてハブーブという砂嵐が発生しやすい。さらに気温が高いと、ハイテク兵器が誤作動を起こす可能性があるので、戦争が始まるのは、涼しくなる12月か1月ではないか」とテレビで解説しました。このネタは、中東戦争について語ったエジプトの故・ナセル大統領の回顧録まで読んで勉強した自信作です。我ながら、着眼点がよかったなと自画自賛していたら、意外にも上司に呼び出されて叱られてしまいました。

「戦争をネタにして、天気予報の話をするとはどういうつもりだ」

つまり、最近の戦争のネタはNGというわけです。ほかにも似たようなことがありました。

あるときは、サクラの開花予想に関連した話として、「気象庁は今年のサクラの開花予想は○月○日と発表するでしょう」と、〝気象庁の開花予想日を予想〟したのです。当時、気象協会はサクラの開花予想をしてはいけなかったので、それを逆手にとって、ならば気象庁の予想日を予想するとしたわけです。これも、ひどく叱られました。とにかく予想に関連することはするなとのお達しでした。

話したいことがあっても、話せないもどかしさに、私はイライラしていました。そして、1992年3月31日付で、私は23年間勤めた日本気象協会をやめました。もうすぐ42歳になろうとしていたときです。気象協会の同僚から聞かれたのは、

「退職金、いくらだった？」

その退職金で住宅ローンを払っても、まだ1000万円くらいの借金が残っていました。貯金は、ゼロ。いっさいありませんでした。ゼロからの出発ではなく、マイナスからの出発です。当時は、フリーの「お天気キャスター」はまだ1人もいなかったので、正直不安でいっぱいでした。気象協会の同僚や先輩たちは裏で、「森田は、何年もつと思う？」「もって2年。3年以上もつわけがない」とウワサしていたそうです。

私は、5年くらいは頑張れるかなと思っていました。テレビ業界は、番組に出る人（出役）と作る人（裏方）に分かれていて、私のようなお天気キャスターは出役になります。例えばお天気番組の場合、ディレクターが大まかな台本を考えて、お天気キャスターがその台本に沿ってしゃべるわけです。私は、テレビに出始めた頃から、裏方の仕事もこなして

いました。人とは違う視点でネタを出して、台本作りに参加していたのです。

例えば、サクラがテーマの場合、「開花前線は1日に何km進むか」とか、今ではすっかり常識となっていますが「開花予想に用いる600℃の法則」も私のネタです。

また、視聴者の方々の生活に役立つようにと、洗濯物の乾きやすさを数値化した「洗濯指数」など、お天気の新しい指標を考えたり、ほかにも「プロ野球の優勝チームと、その年の夏との関係について」など、人が考えつかないようなネタをバンバン出して採用されていました。というわけで、お天気キャスターの仕事がなくなったとしても、裏方の仕事をすればフリーでもやっていけるかなと思ったのです。

## 洗濯指数と野村監督

私は、今まで多くのネタを考えてきました。もちろん、今現在も考え続けています。その中で、評判がよかったものを2つ紹介しましょう。最も有名なのが「洗濯指数」です。天気予報を元に、その日洗濯物が乾くか乾かないかを数値化したもの（100が最大値、100に近くなるほど乾きやすい）です。今でこそどこの局でも普通に使っていますが、当時は誰も考えつかない画期的なアイデアだったと思っています。

『アップルシティ500』が終わった頃です。秋からTBSの番組が始まるまでの期間、フジテレビの朝の番組『FNNモーニングワイド ニュース&スポーツ』に気象協会から出向することになりました。お天気キャスター志摩のぶ子さんのサポートをする仕事です。そのとき、同じ番組のアシスタントディレクターだったのが、フジテレビの気象予報士三井良浩さんです。この番組は裏方として参加させていただきましたが、あるとき、プロデューサーの渡辺部長から「森田さん、『アップルシティ500』でやっていたみたいな、面白い企画ないですか?」と、お声がけされたのです。

ある休日、私は子どもを保育園に送り出した後、洗濯物を干して、近所の映画館に映画を観に出かけました。すると、映画館にいる間に雨が降り、3時間後帰宅したら、洗濯物がびしょ濡れになっていました。その洗濯物の中に、夕方までにどうしても必要なものがあり、慌ててドライヤーで乾かしていたとき、ひらめいたのです。

「乾くまでの時間を計ったら、洗濯物の乾き具合がわかるかも」

そして簡単にまとめた企画書を渡辺さんに出すと「これは面白い!」ということになり、早速プロジェクトがスタートしました。私は数式が苦手だったので、日本気象協会の森川達夫さんと、清水輝和子さんに相談し、実験の段取りを進めました。

いちばん困ったのは、洗濯物の乾き具合を数値化するにはどうすればいいかでした。そこで、我々はお茶の水女子大学の家政科（当時）を訪ね、いろいろ教えていただきました。なるほどと思ったのは、「塩化コバルトの青い水溶液は、乾くと透明になる性質がある。布に塩化コバルトを染み込ませて、透明になるまでの時間を計ってみたら？」という、アイデアでした。そのあとは、来る日も来る日も、気象庁の構内で洗濯物を乾かし、湿度や日照、風などの影響も考慮し、晴れて「洗濯指数」として世に出たのです。

もう一つ評判がよかったネタが、「野村克也監督とエルニーニョ」です。１９９３年の夏のこと。私は当時、中日ドラゴンズファンで、ヤクルトスワローズと中日が、激烈な首位争いをしているのを注目していました。そんなとき、オールスター戦直後のスポーツ紙の取材に、ヤクルトの野村監督は「あれが起きるとエエことがあるんや」と答えていました。〝あれ〟とはエルニーニョのことで、野村監督にとって〝エエこと〟がある年は、エルニーニョが起きていると言うのです。そこで、連載記事のネタにするために実際に調べてみると、なんと初めてホームラン王になった１９５７年、年間52本を打ち当時のホームラン日本記録を作った１９６３年、三冠王になった１９６５年、さらに南海ホークスの監督時代に優勝した１９７３年、そしてヤクルトスワローズを14年ぶりにリーグ優勝に導いた

1992年と、いずれも典型的なエルニーニョ年だったということがわかったのです。

野村監督ほどの選手、監督の実績があれば、エルニーニョ年と活躍の年が一致するのは、当たり前と言えなくもありませんが、エルニーニョの起きる確率は4年に1回ほどなので、ゲンを担ぐ勝負の世界では監督自身がよいほうに考えたことは不思議ではありません。ちなみに、野村監督が、いつエルニーニョと自分の関係に気付いたかですが、おそらく1992年のリーグ優勝の年でしょう。新聞でヤクルト好調の記事を読むたびに、同時にエルニーニョの記事も必然的に目に入ります。そこで、過去にエルニーニョ年も自分が活躍した年と一致していると、気付いたものと思われます。

なお、ヤクルトが日本一になった1993年は、現在の気象庁の基準ではエルニーニョ年とされていませんが、当時のニュースでは冷夏とエルニーニョ現象が関連付けて報道されていました。さらに、4度目の日本一となった1997年は「20世紀最大規模のエルニーニョ」が発生した年でもあります。

そして、その10年くらい後に、私は野村監督とお会いする機会がありました。そのときにエルニーニョのことをお聞きすると、フフフと笑みを浮かべながら「そのようだね……」と肯定されたのが印象的でした。

2章

# 気象予報士制度ができてから

## 会社設立と同時期に気象予報士制度ができる

フリーになった私は、TBSと1年間の専属契約を結びました。とりあえず、1年間はクビにならないということで、ホッとしたのを覚えています。

「よし、新しい天気予報にチャレンジするぞ！」

不安ながらも、私の心は希望でいっぱいでした。そして、独立してから30年。3年でぽしゃると揶揄《やゆ》されて、30年も経ちました。ちょっと古いですが、まさに「10倍返し」した気分です。当時、〝新しさ〟をウリにしていた私の予報解説も、今では当たり前になりました。各放送局も、それぞれ個性的なお天気キャスターを登用して、天気番組に力を入れています。独立して感じたことは、「税金って、高いんだな」ということでした。気象協会時代は、自動的に給料から引かれていたので、あまり気にしたことがありませんでした。ところが、独立すると自分で計算して税務署に払わなければならないので、その高さがよくわかります。といって、誤解なきように言うと私自身は、社会は税金によって支えられていると考えていますので、税金を払うことは何よりの社会貢献だと思っています。

フリーになった当初は、「仕事をしない」気楽さより、「仕事のない」不安のほうが大きかったのも事実です。おかげさまで、その不安は杞憂に終わりましたが……。フリーになってよかったのは、「これはダメ、あれはダメ」「あんな話はするんじゃない」「ああしろ、こうしろ」などと干渉されなくなったことです。

逆に、何か問題発言や失敗をすると、責任重大です。おっちょこちょいの私は、フリーになってからも、寝坊で生放送を飛ばしてしまうなど、大小さまざまな失敗をしています。そのとき、過去の「3回連続穴あけ事件」を思い出し、組織に所属していた頃は、ずっと上司が守ってくれていたということを実感しました。責任がすべて自分にのしかかってくる立場になったことで、「責任の重大さ」に気付いたのです。

フリーになったとき、個人よりも法人にしたほうが便利だとアドバイスを受け、気象会社「有限会社ウェザーマップ」を設立しました。社名は私が大好きな天気図から、会社のロゴは温暖前線と寒冷前線をイメージしたものです。

社員第1号は、当時TBS資料室を陰で支えていた図書館司書の長屋和哉君。データ整理が得意だったので、ネタ作りに協力してもらおうと思い誘いました。現在はアーティストとして活躍しています。その後、営業やシステム担当も採用し、会社らしくなっていきました。

そして、会社設立のタイミングとほぼ同時期の１９９３年の5月、気象予報士制度ができたのです。この制度設立の背景には、世の中の規制緩和による「天気予報の自由化」という流れがありました。当時の気象業務法は、複数の気象予報によって情報が混乱しないようにするため、気象情報を気象庁以外の者がマスコミを通じて流してはいけないという決まりがありました。それが法律が改正されて、気象予報士の資格をとれば、気象庁以外の人でも、天気予報をマスコミに向けて発表してもいいことになったのです。ただし、全面的に自由化すると、いろんな人が勝手に天気予報を発表して、混乱を招いてしまいます。そこで、一定レベルの気象知識がある人にかぎって、天気予報を発表してもいいということになりました。

この気象予報士制度は、気象庁の自信の表れでもあります。それまでの天気予報は、経験がすべて。何年、気象予報の仕事をしたかが、いちばん重要でした。

1章でも説明したように、「天気図３０００枚」（天気図を３０００枚書かないと、一人前とは認めてもらえない）という例えは、とにかく経験豊富でないと認めてもらえないことを意味していました。しかし、現在は数値予報が主流です。数値予報とは、コンピューターで気象データを計算し、それを元に天気予報をする方法のことです。この方法だと、極端に言えば気象データを読み取る能力さえあれば、他は必要ありません。この気象データを読み取る能力があるかどうか判定するのが、気象予報士試験です。試験に合格すれば、晴れて気象予報士の資格が与えられます。

気象予報士試験に合格した人であれば、気象庁の予報とそれほど大きく異なる予報はしないはずです。ところが実際は、気象の知識がどれだけあっても、天気予報についてうまく解説できるとはかぎりません。私も以前は、「気象知識さえ身につければ、すぐに解説できるようになるだろう」と思っていましたが、それは大変な認識不足でした。気象の知識があることと、天気予報の解説ができることは、まるで違う能力なのです。

## 夕刊紙の見出しに「森田さん落ちる！」

独立して2年後、1994年の8月、私は満を持して第1回の気象予報士試験を受験しました。フリーのお天気キャスターとして、気象会社の社長として、合格しないわけにはいきません。暑い夏でした。エアコンのない教室でしたが、それなりに勉強していた自負もあったので、当然合格すると思っていました。しかし、帰り道に問題を見返してみると、ケアレスミスだらけで、電車の中で青ざめてしまいました。

そして、結果はまさかの不合格……。

不合格がわかった日、駅のキヨスク売店に「森田さん落ちる！」という夕刊紙の見出しが掲げられているのを見て、悔しくて涙が出ました。当時、同僚と比べても、自分が知識的に劣っているとは思いませんでした。勉強もしていたし、事前の模試も100点満点。正直、「こんなに簡単なんだ。絶対受かる」と高をくくっていました。では、なぜ落ちたのか。変な言い方ですが、いちばんの敗因は、気象について余分なことを知り過ぎていたことでしょうか。素直に答えればいいところを、余計なことを考え過ぎてしまったのです。

これは言い訳ではありませんが、そのとき、気象庁の現役の方や元予報官、気象協会時代の同僚も不合格になりました。私だけが不合格になったわけではないのですが、テレビに出ていたため、大々的に報道されてしまったのです。

改めて「これではいけない」と思い、翌年に行われる第2回の気象予報士試験に向けて準備を始めました。基礎的なことをもう一度勉強しようと思い、自宅の近所に住んでいた気象庁を退職した気象大学校の先生に家庭教師をお願いしました。さらに、数式が弱いことを再認識したので、親戚の研究者の弟子に数式と基本的なことを教えてもらいました。

準備万全で臨んだ2回目の試験は、ほぼ全問正解。1995年の2月、私は気象予報士試験に合格しました。そのときTBSのスタジオに行ったら、なんと、お祝いのくす玉が用意されていたのです。私は「不合格だったら、どうするんだよ（笑）」と言ったら、じつは1回目の試験のときに準備していたものだったと聞いて、苦笑いしてしまいました。半年間温めていたくす玉が、ようやく日の目を見たわけです。

今思うと、1回目は不合格でよかったのかもしれません。結果を知ったとき、それまで経験したことがない複雑な感情にとらわれたのを覚えています。

たとえが不謹慎ですが、「余命宣告」されたときの気持ちに似ているかもしれません。アメリカの精神科医のキューブラー・ロスが提唱する「死の受容過程」をご存じでしょうか。これは、人間が死を受容していく過程を5段階に区分したものです。

第1段階（否認）……死の運命を否定し、周囲の人と距離を置くようになる
第2段階（怒り）……死が否定できないと自覚し、「どうして自分が」と怒りを覚える

第3段階（取引）……死から逃れるため、何かにすがって取引しようとする
第4段階（抑うつ）……死から逃れることはできないと悟り、抑うつ状態になる
第5段階（受容）……死を受け入れ、心に安らぎが訪れる

大げさかもしれませんが、不合格になったとき、私の感情はこのように移り変わっていきました。最終的には、自分が調子に乗って増長していたのだと気付き反省しました。一般的に、挫折を知らない人は弱いとも言います。人は、いろいろな経験をしたほうがいいのです。1回や2回の失敗なんか、気にすることはありません。

## 「あしたはあした」の意味

その頃、テレビやラジオでお天気キャスターのニーズが高まり、私の会社にも「30代のお天気キャスターが3人欲しい」というオファーがきました。そこで、気象業務支援センターを通じて気象予報士を募集したところ、約20人の応募があり3人を選びました。それが、ウェザーマップ現社長の森朗さん、気象予報士講座クリア講師の斎藤義雄さん、埼玉

県の地元ＦＭ放送で活躍中の大野治夫さんの３人です。気象予報士が３人加わり、やっと気象会社らしくなってきました。この３人は、有名企業に勤めていた有能な人材で、お天気キャスター経験はありませんでしたが、オンエアを任されると、メキメキと上達していきました。90年代後半から２０００年にかけて、テレビの情報番組が増えたこともあり、各方面からオファーをいただくようになるのですが、私はＴＢＳ専属だったので他局には出られませんでしたが、ＴＢＳだけでも多忙を極め、一時期は平日の朝と夕方と夜、さらに日曜日の朝の番組にも出ていたことがあります。

当時そんな状況を、女性週刊誌に「森田さんはＴＢＳに住んでいる」と面白く書かれたこともありました（笑）。朝4時30分頃ＴＢＳに入り、昼間に仮眠をとって、夕方と夜の番組に備える、という毎日でした。テレビに出ずっぱりの日々は、２００５年頃まで続き、それに比例するように会社の売り上げも伸びていきました。

そこで、問題となったのが税金です。当時は年によって売り上げにばらつきがあり、多い収入のときに会社の支出を合わせると、翌年の支払いに困ることが起こります。ということで、「だったら、利益の一部を寄付しよう」という風に思いました。

２００５年、「稲むらの火」を題材にした、ウェザーマップ主催の舞台「あしたはあした」を上演しました。出演者約20名は、なんと私も含めて全員お天気キャスターや気象予報士です。売り上げは全額、スマトラ島沖地震によるスリランカの津波被災に対するボランティア活動に寄付。津波で倒壊した幼稚園の再建や、現地での防災教育などに活用されました。「稲むらの火」とは、1854年11月5日に発生した安政南海地震での実話から生まれたという有名な物語です。主人公五兵衛のモデルは、醤油醸造業を営む濱口儀兵衛家（現在のヤマサ醤油）7代目当主濱口梧陵。地震の後に津波が来ることを察した五兵衛は、刈り取った稲わらに火をつけて村人を高台へ集め、命を救いました。ちなみに、安政南海地震が発生した11月5日は、「津波防災の日」に制定されています。

舞台のタイトル「あしたはあした」は、私がいつも言っている言葉で、サインを頼まれるといつも書いていています。幕末に活躍した、儒学者の横井小楠という人物がいるのですが、彼のことを知って、その姿勢に感銘を受けて思いついた言葉です。

横井小楠は、勝海舟の談話を記録した『氷川清話』という書物の中で、「私はこれまでに恐ろしいと思う人物を2人見た。1人は西郷隆盛、もう1人は横井小楠だ」と評されるほどの人物です。小楠は非常に弁舌が立ち、誰と議論をしても勝ったそうですが、周囲から一目置かれたのは、それだけが理由ではありません。彼は意見を言うとき、どんなに非の打ち所がない内容であっても、必ず「今日はこう考えますが、明日は別のことを考えているかもしれません」と言ったそうです。

私は、まさに天気予報と同じだと思いました。今日のデータを見て「明日は午前中雨が降って、午後にはやむでしょう」と予報したとしても、翌朝になって状況が変わっていれば、昨日の予報はすべて忘れて「今日は晴れるでしょう」というのが当たり前のことです。その日、その時間の状況を見て判断していかなければいけません。

つまり、昨日の時点で「正しい」とされていたことが、今日には覆っているというのはよくあることです。そのときに、過去にこだわっていては、前に進めません。言葉で言うほど簡単なことではありませんが、今日のことは忘れて、一日一日を「あしたはあした」と新たな気持ちで送ることが大切だと、自分自身にも言い聞かせています。

## お天気キャスター養成所「森田塾」

気象会社を経営していると、「お天気キャスターになりたい」という人たちが、多くやってきます。みなさん、気象予報士の資格を持っている人たちですが、最初から天気の解説がうまくできる人はほとんどいません。筆記試験はよくできても、どうやって話せばいいのかわからないのです。

そこで、当時ＴＢＳの気象プロデューサーだった小口勝彦さんと相談して、話のうまい人を気象予報士にしたほうが、お天気キャスターになる近道ではないかと考え、１９９６年の1月に「森田塾」を立ち上げました。「森田塾」は、お天気キャスターを養成するところで、第1期生は応募者６００人以上の中から10人を選びました。

「将来のお天気キャスターを育てたい」という思いで始めたのですが、講義に時間はとられるし、当時授業料は無料で行っていたので、なかなか大変でした。とにかく驚いたのが、朝のテレビ番組で告知をしたら、６００人以上の応募があったことです。

「こんなにお天気キャスターって人気があったの!?」とびっくりしたのを覚えています。そのときは、応募者の85％が女性、15％が男性でした。いわゆるテレビの「お天気お姉さん」に憧れて、多くの女性が応募してきたのではないでしょうか。

そもそも、気象予報士とお天気キャスターは違います。気象予報士は、天気を予報できる人です。お天気キャスターは、天気を予報できる知識に加えて、生活感覚、幅広い雑学のようなものを持っている人です。

「森田塾」をつくって感じたのは、目標を持った人間の強さみたいなものと、独学でなく競争しながら勉強すれば、力がつくということです。当時の塾生たちの頑張りには、感動さえ覚えました。中学・高校で、「こんな難しい数学なんて、将来、何の役にも立たないのに……」と思っていた文系の女子大生が、気象予報士の資格を取るため、お天気キャスターになりたい一心で、微分積分などができるようになるのです。

1996年8月の気象予報士試験には、4人の塾生が学科だけですが合格しました。実技で落ちたので、気象予報士にはなれませんでしたが、これはすごいことです。そしてその後、真壁京子さんが実技にも合格し、「森田塾」最初の気象予報士として活躍します。

塾生たちには、用意された原稿をそのまま読むだけの「お天気お姉さん」ではなく、専門的なお天気キャスターになってもらいたいと思っています。「お天気お姉さん」的存在だと、テレビの天気予報番組に出られたとしても、長続きしません。すぐに、仕事がなくなってしまうケースがほとんどです。専門的な気象の知識があって、天気予報番組の制作にも携わることができるようになれば、長く仕事を続けられるでしょう。

「ものをつくることができる人であれば、一生、食べていける」というのが、私の信条です。どんな職業であっても、「ものをつくること」ができれば、重宝されます。お天気キャスターにかぎらず、ニュースキャスター、スポーツキャスターでも、多くの人に顔を覚えてもらうのは、簡単ではありません。名前と顔が一致するようになるまでには、番組を長く続けること、番組をつくり続けることによって、たくさんの人に存在を認めてもらわなければならないのです。これは、かなり大変なことです。テレビに出ることができても、すぐ消えてしまうのが、テレビの世界の現実です。表現力や印象力といったものが、常に求められる厳しい世界なのです。

「森田塾」は、２００２年12月、気象予報士受験スクール「気象予報士講座クリア」に形を変えて、気象予報士、お天気キャスターを目指す多くの人たちをサポートしています。現在、全国の合格者の10％以上がクリア受講生です。しかも大半が初心者で、２〜３年で合格しており、早ければ1年で合格する人もいます。また、クリアからの合格者の約70％が文系出身者や中高齢者、高校生など、学歴に関係なくまんべんなく合格者が出ています。

そして、少数精鋭だったウェザーマップも年々成長し、現在は従業員71人（うち気象予報士47人）、所属気象予報士１０６人（２０２２年4月現在）となっています。

## 気象予報士とお天気キャスターの違い

テレビでもお天気コーナーの解説者として「気象予報士」が登場するケースは、今ではすっかり定着しました。私もよく「予報士の資格を取得したので、お天気キャスターになりたい」と相談を受けます。しかし、そういう人の多くが「気象予報士」と「お天気キャスター」の違いを理解していないようです。気象予報士は、天気の予報をする人です。一方、お天気キャスターは、よりわかりやすく人にお天気の情報を提供する職業です。とくにマスコミの場合、予報士よりはるかにお天気キャスターの役割のほうが重要になってきます。

ＮＨＫのテレビ放送が始まった頃からお天気キャスターは存在しましたが、本当の意味でのお天気キャスターと言えるのは『テレビ気象台』（ＮＨＫ）の倉嶋厚さんでしょう。倉嶋さんが登場したことにより、「お天気はこんなに面白いものなのか」「解説をつけると、こんなにわかりやすくなるのか」と世の中に広がり、その後の天気番組とお天気キャスターの流れができたのだと思います。

それでは、気象予報士とお天気キャスターは、どちらのほうが難しいのでしょうか。私は、お天気キャスターのほうがはるかに難しい仕事だと思っています。気象予報士は資格なので、勉強すれば誰でもなれますが、お天気キャスターになろうと思ってもそう簡単にはいきません。お天気キャスターになるためには、運も大切ですが、気象周辺の幅広い知識はもちろん、気象以外の知識も必要です。

お天気キャスターは気象解説者とも言います。私はかつて、天気予報を出す気象庁の予報官は「トーナメントプロ」、気象協会の解説者は「レッスンプロ」と位置付けたことがあります。しかしそれはレッスンプロがトーナメントプロより、技量が劣っているということではありません。確かにプロの世界は、トーナメントプロの方が厳しいイメージがあります。プロスポーツや将棋や囲碁も、トーナメントで勝ち残るのは大変でしょう。ところがテレビの世界はレッスンプロの世界なのです。一流の解説ができれば、ゴルフの腕前は関係ない。将棋も強くなくていい。このように考えると、解説者は、予報を上手に当てることよりも、わかりやすく伝えるという能力が求められるのです。

私は、幸か不幸か、高校卒業と同時に日本気象協会に入り、毎日仕事をしているうちに、なんとなくお天気キャスターになることができました。最初からお天気キャスターになりたかったわけではないので、苦労を苦労と思ったこともありません。

お天気キャスターを目指している若い人たちを見て、「どうして、そんなしゃべり方をするんだろう」と疑問に感じることがあります。とくに気になるのは、結論をいちばん最後に言う人の解説です。「明日は雨です。なぜなら、低気圧が間もなく接近してくるからです」と言うべきところを、「日本の南海上に低気圧があります。それが東北東に進んでいますので……」。延々とこういうことをしゃべった挙げ句、最後に「ですので、明日は雨でしょう」とやっと結論を言うのです。これでは、誰も聞いてくれません。

また、放送においては、センテンスをできるだけ短くすることも大切です。とくにラジオでは、瞬間、瞬間の言葉だけを聴いてもらえるので、センテンスは短く、が基本です。その他、間の取り方など、気をつけることがたくさんあります。つまり、お天気キャスターとしてやっていくためには、豊富な気象知識だけでなく、放送上のテクニックも求められるのです。

私の場合、しゃべり方の訓練を受けたのは、気象協会時代にほんの少しあるだけです。気象協会内の講習会で、ＮＨＫアナウンサーから、初歩的なことを教わりました。確かに放送上のテクニックは重要ですが、お天気キャスターはアナウンサーとは違います。お天気キャスターには、情報を正確に伝えるだけではなく、人間的な魅力が求められるような気がします。なまりがあったり、ぼくとつな話し方だったりしても、人間的な深み、味わい、信頼感みたいなものがにじみ出ていれば、お天気キャスターとして受け入れられます。逆に、完璧なアナウンサー言葉だと、人間的に冷たく思われてしまうこともあるでしょう。

ポイントは、どういう話を、どういうタイミングでするか。ちょっとした息抜きの言葉も、災害時に使ったら、大ヒンシュクを買うでしょう。当たり前のことですが、私は名古屋時代、災害の最中にダジャレを言ったお天気キャスターを見たことがあります。今だったら、大炎上です。かといって、攻めの姿勢を失っては、面白さがなくなります。この塩梅が難しいところです。

もう一つ強く思うのは、お天気キャスターは、定型文を繰り返し使う傾向があることです。「広い範囲で雨が降っています」「多くのところで気温が高くなっています」「一日を通して○○でしょう」とか、一回ならまだしも、数分の天気番組の中で、何度も同じフレーズを使うお天気キャスターもいます。また、「空気が乾燥していますから、火の元には十分注意しましょう」「残暑が厳しいので、夏バテに気をつけましょう」と言う感じで、毎年、その季節になると繰り返される定番のセリフ。これでは、つまりません。何か面白い話のネタはないか、テレビの視聴者が興味を持ってくれそうな話はないか、少なくとも言葉の種類を豊富にして、お天気キャスター自体も多様化してもらいたいと思います。

## リアルタイムの解説が重要

お天気キャスターには、大きく言って3つのタイプがあります。まず1つ目は専門家系。気象の専門知識に加え、社会的な事象や歳時記など、気象の周辺部に特化した天気解説者。2つ目がタレント系。局のアナウンサーやタレントの方が気象予報士資格を取得、そのパフォーマンス力で、圧倒的に存在感を示すタイプ。3つ目がアイドル系。アイドルと分類すると誤解されそうですが、むしろ言葉足らずの専門家系よりも情報量が多く、防災イベントなどと連動して今後、新しい気象解説を創り出すのではと期待できる人もいます。

私自身は倉嶋厚さんのような専門家系のお天気キャスターを目指してきたのですが、最近思うのは、どのタイプでもリアルタイムで天気の解説ができる人が、よいお天気キャスターではないかということです。今では、コンピューターが発達したおかげで、レーダー、アメダス、ひまわりなどの気象映像を瞬時に見ることができます。それをすぐにテレビ映像に取り込むこともできるので、最新の気象映像を見ながら解説できる人が求められます。

台風が接近して、どの進路をたどるか多くの人が心配しているときに、原稿を書く人がいて、それをチェックする人がいて、という作業を重ねると、あっという間に30分や1時間は経過してしまいます。その間に台風はどこかに行ってしまうでしょう。

リアルタイムの解説がいかに重要か、一つのエピソードがあります。あるとき、小学校の窓ガラスが突風で割れたというニュースが入ってきました。私はそれを見ていて、瞬間的に竜巻ではなく、ダウンバーストだと確信しました。竜巻は下から上へ巻き上がるので目視できますが、ダウンバーストは竜巻とは逆に上から下に突風が吹くので目視できません。そのニュースでは、竜巻を目撃した人はいないと伝えていたので、私はダウンバーストだと直感したのです。このとき、以前、岩手県の花巻空港で発生したダウンバーストによる飛行機事故が、私の頭に浮かびました。そこで、そのときの映像を映像センターから引っ張り出してもらい、ダウンバーストの解説をしたのです。小学校の窓ガラスが割れたというニュースが飛び込んできてから、3時間後のオンエアでしたが、他の局はどこもそこまで掘り下げていませんでした。数日経ってようやく気象庁が、「あれは、ダウンバーストによるものでした」と発表しました。

当時、私は、あれだけ短時間に過去の例をあげながら解説できるのは、自分だけだと自信を深めました。その後も同じようなことが何度かあり、こうした積み重ねによって、私はある一定の評価をいただけたのだと思います。人は、同じものを見ていても、それぞれ別の見方をしています。例えば、新聞を読むときも、興味のある記事にだけ目が留まり、興味のない記事はスルーします。私の場合、天気に関係ある記事や話題に、まず目がいきます。記事のほうから、こちらへ飛び込んでくるような気がするくらいです。

長年、このようにしてネタをつくるために努力してきました。私は、なんとなくお天気キャスターになって、今まで順風満帆に運まかせにきていると思っていますが、改めて振り返って気付いたのは、「努力していないと思っていたけれど、少しは努力していたんだな」ということです。

## 「伊豆七島夕日生中継」でハプニング

天気予報は、スタジオの中から放送することがほとんどですが、外に出て放送することもあります。これを「中継」と言います。

「次は森田さんのお天気コーナーです。森田さんは、今日は富士山に行っています。それでは、富士山の森田さーん！」

中継のときは、こんな感じで放送が始まります。街へ出て取材をしたり、海や山に行ったり、本来行くことができない場所に行ける中継は、ありがたいと思っています。

中継には「きまりモノ」と「企画モノ」の2つがあります。きまりモノというのは、例えば年末になると上野のアメ横からの中継というような、毎年同じ季節に同じ場所から伝えることを言います。

一方、企画モノというのは、テーマを決めて、そのテーマに沿って中継をすることです。今まで数えきれないほど生中継を経験していますが、どういうわけか、失敗や印象に残っている中継は、企画モノに多いような気がします。

例えば、1996年の夏、「伊豆七島夕日生中継」という企画を考えました。ちょうど、夕方の日没の時間と、天気予報のオンエア時間が重なる時期を選び、伊豆七島から夕日を生中継するわけです。それも、初日は神津島、翌日は式根島、さらに新島と毎日場所を変えて放送するのです。土曜日の夜に船は出航し、日曜日の朝に、私たちは神津島に着きました。中継というのは、じつはとても大変で、多くの人たちの力が必要になります。

わずか2～3分の放送のために、カメラマンが2～3人、マイクをチェックする人が1～2人、このほかディレクターや車を運転する人まで含めて、十数人のチームになります。

これだけ多くの人が関わると、費用もかさみます。場所にもよりますが、電波を通信衛星で送ったり、事前に調査（ロケハン）をしたり、すべて合わせると、1回の中継に数百万円かかることもあるそうです。それだけのお金がかかっているのですから、失敗するわけにはいきません。とはいえ、どれほど念入りに準備していても、ハプニングは起きてしまうものです。

神津島の夕日もそうでした。私たちは、小高い丘に立ち、夕日が沈むのを待ちました。予定では、丘から見る海、それも海から見る大きな岩と岩の間に、夕日が沈むはずだったのです。ところが、オンエアの時間が迫ってくると、夕日が予定していた場所と違うところに沈み、岩陰にかくれて、まったく見えなくなってしまいました。

原因は単純です。ディレクターがロケハンをしたときは、確かに岩の間に夕日が落ちたのですが、それから約10日経過していたため、太陽の位置がずれてしまっていたのです。

オンエア直前になっても、肝心の夕日がない。そこで私は、どうしようかと考えながら反対側を見たら、うっすらと暗くなり始めた空に、満月が昇っていたのです。

「あの月を撮ってください」

急遽《きゅうきょ》、カメラマンにお願いしました。結果は大成功。映像的には、夕日中継よりもよかったと好評を博しました。視聴者には、段取り通り進んでいるように見えて、じつはその裏では、さまざまなドラマがあるのが、生中継や生放送です。何が起こるかわからないので、スリル満点、あってはならないことですが、危険も潜んでいます。

じつは、「伊豆七島夕日生中継」の新島で、怖い体験をしました。午前中は比較的時間があるので、「日本のダイヤモンドヘッド」と呼ばれる、羽伏浦海岸に泳ぎに行こうということになりました。ここはサーフィンの名所でもあり、常に波が高く、当日も2～3mのウネリが押し寄せていました。子どもの頃から泳ぐのは好きですが、こんな高い波の中で泳いだ経験はありません。怖いので見ているだけにしておこうと思ったのですが、みんな泳いでいるしライフガードの人たちもいます。

「少しだけ入ってみようかな」

好奇心が勝ってしまいました。私は、近くにいたサーファーに話しかけました。

「こんな高い波なのに、どうやって海に入るの？」

「波をくぐると沖へ出られますよ。沖に出れば、ウネリが上下するだけなので、立ち泳ぎをしていれば大丈夫です。何なら、僕が一緒について行ってあげましょうか」

「それでは、お言葉に甘えて……」

私は、生まれて初めて、数mの高波の海に入りました。サーファーに言われた通り高波をくぐると、確かに沖は穏やかで、海岸近くで波が砕け散っているのがウソのようでした。むしろ、ウネリの上下運動に身を任せていると、気持ちのよさすら感じました。

ところが、恐怖はその後に、突然やってきました。そろそろ帰ろうと、海岸のほうに近づいていくと、上下に動いていただけだと思っていたウネリが崩れ、上から下へ体が叩きつけられたのです。足がつく深さなのに、立つことができません。陸へ上がろうとするのですが、また引き波にもみくちゃにされて、沖へ引っ張られてしまうのです。心底、恐ろしいと思いました。波にもまれていると、自分の位置すらわからず、目も開けられません。一緒についてきてくれたサーファーは、私がこんなに泳ぎが下手だと思っていなかったらしく、必死に私の腕をつかんで、陸地へ誘導してくれました。彼のおかげで事なきを得たのですが、もし彼がいなかったらと思うと、背筋が寒くなりました。

彼にお礼を言った後、私が陥った状況を説明していただきました。

「帰ってくるときも、波の周期を見て、一度は波をくぐらないといけません。そうしないと、いつまでももみくちゃにされて、最悪、頭から海岸に叩きつけられて、首の骨を折ることもあります。そういうときは、無理に陸地に帰ろうとせず、もう一度沖へ戻って、ライフガードの助けを待つのが良策です」

よくニュースで「高波にさらわれて……」と言っていますが、実際に溺れるのは、沖よりも足が立つような海岸近くで、それも波が砕け散るときに起きることを知りました。

こんな危険な目にあっても、ただでは起きないのが、私の長所でもあり短所でもあります。溺れそうになった後、海岸のお店で氷アズキを食べていたときのことです。新島では、昼間はかき氷ばかり食べていたのですが、前日に食べた氷イチゴに比べると、氷アズキの氷の温度が低いように感じたのです。

「あれ？　おかしいな」

私は疑問に思い、スタッフにも確かめてもらいました。

「ホントだ、氷アズキのほうが冷たい！」

そこで後日、東京に戻ってから電子温度計で調べると、確かに氷アズキのほうが、氷イチゴより2〜3度、温度が低かったのです。氷に塩をかけると、温度が下がります。これを「触媒作用」と言いますが、おそらくアズキの中に含まれている塩分が、氷の温度を下げたのでしょう。早速、このネタをテレビで話したところ、各方面から「面白かった」と褒めていただきました。溺れかかったすぐ後に、すぐ天気解説のネタについて考えてしまう私は、「ホントに、ノー天気だな」と思ってしまいます。

## 死ぬかと思った「富士山頂生中継」

もう一つ、命の危険を感じた中継があります。「富士山頂から1週間連続完全生中継」です。このテレビ界初の試みは、お酒の席で決まった企画でした。今思えば、富士山のことを知らなかったから出せた企画でした。富士山頂には気象庁の測候所（2004年閉鎖）があり、富士山レーダー（1999年運用終了）と呼ばれる、雨粒を検出するための装置が置かれていました。標高3776mにあるレーダーは、その高度と観測範囲において当時世界一であり、日本の天気予報において大変重要な存在でした。

この企画は、富士山レーダーの取材も兼ねたものでした。私たちが富士山に登ったのは、1990年8月。ちょうど台風シーズンでした。私たちが登るときも、台風が来るかもしれません。不安に感じる一方で、

「台風が来ると、富士山頂ではどんな状態になるんだろうか」

そんな期待もありました。無知とは本当に怖いことです。中継初日の月曜日は、富士山頂は快晴でした。ところが、その日、やはり山頂に登っていた岡田博之さんというアマチュアカメラマンの方が、「近日中に台風がきます。危険だから下山したほうがいいですよ」と言うではありませんか。天気図で、台風が南海上にあることは知っていましたが、まさか、すぐに来ることはないだろうと思っていました。

岡田さんは、毎年、富士山に登って写真を撮っているそうで、その長年の経験から、天気を予測できるようになったと言います。岡田さんによれば、夏、富士山頂から芦ノ湖が見えたら、2日以内に悪天候になる。さらに、伊豆半島の先端部が見えれば、台風が来る可能性が高くなるとのことでした。この理屈は、じつは気象学的にも正しいものでした。

天気は、気流が上昇するところで悪くなります。そこに雲ができて、雨を降らせるからです。台風の場合は、かなり激しい上昇気流ができて、激しい雨を降らせます。そのとき、台風の周辺、つまり、上昇気流の外側はどうなっているかと言うと、気流が地上に向かって下りる下降気流ができます。下降気流ができたところは晴れますから、今よく晴れていることは台風の周辺部にいるわけなので、台風が近づいている証拠だとも言えます。

私は岡田さんの話を聞いて、「本当に台風が来るかもしれない」と思いました。

しかし、「富士山頂から1週間連続生中継」は、テレビ界初の企画です。途中で諦めるという選択はありませんでした。私たちは予定を変更することなく、富士山頂に留まりました。火曜日はまだ晴天でしたが、2日後の水曜日。岡田さんが予想した通り、本当に台風がやってきたのです。その日は、富士山の火口に下りて中継する予定でした。ところが、なんだか嫌な予感がします。午前中は快晴でしたが、昼頃になると霧が出始めました。霧はどんどん濃くなっていきます。火口に下りると、そこから登ってくるのに時間がかかります。その間に天気が悪くなると危険なので、午後3時の時点で火口からの中継は諦めました。そのときはまだ霧だけで、風は吹いていませんでした。しかし、夕方4時、5時と時間が経つにつれて、なんとなく雲行きが怪しくなってきました。

オンエア1時間前になると、急に風が吹いてきました。

「いよいよ、台風が来たのかな」

呑気にそう思っているうちに、ますます風は強くなり、オンエアの6時50分には、ものすごい暴風雨になってしまいました。中継はなんとか無事に終了し、しかも大成功。視聴率も高く、評判も上々でした。私たちが暴風雨の中から中継しているとき、関東地方は気温30度の快晴。視聴者にとっては、その落差がとても興味深かったのでしょう。問題はその後でした。私たちは、暴風雨の中、8合目の山小屋まで下りなければならなかったのです。私たちの宿である8合目の山小屋には、ブルドーザーに乗って戻ることになっていました。山頂から8合目までは、ジグザグの細い道があって、ブルドーザーはそこをバックしながらゆっくりと下りていくのです。

ブルドーザーは2台。カメラなどの機材を積み込む分と、私たちが乗る分です。機材を積み込むブルドーザーは、中継現場で待機していましたが、私たちが乗る予定になっていたブルドーザーは、中継現場から約300m下ったところで待機していました。私たちは、そこまで自力で下りていかなければなりませんでした。

辺り一面、急に闇が迫ってきたうえ、ものすごく強い風が吹いてきました。その日の富士山頂の風は、風速48m。風は怖いもので、風速25mで子どもだと飛ばされます。48mと言うと、強い力で何かにしがみついていないと、大人の男性でも吹き飛ばされてしまいます。「山の天気は変わりやすい」とはよく言ったもので、その諺が事実だと知った瞬間でもありました。

「僕は、今日、ここで本当に死ぬかもしれない」

〝死〟を覚悟したのは初めてです。私だけでなく、他のスタッフたちも同じことを考えていたようです。しかし、怖がっている暇はありません。

「とにかく一刻も早く、8合目まで下りなければ……」

私たちは、ブルドーザーのところまで、1、2、3……と番号をそれぞれ言い合って全員の無事を確かめながら、山の背と呼ばれる坂を、ロープを伝って下りていきました。その間、4～5分でしたが、何度も何度も風に飛ばされそうになり、とても長く感じられました。もしロープを放してしまったら、風に飛ばされて死んでしまいます。私は必死にロープにつかまって下りました。ブルドーザーのところへようやくたどり着くと、運転手の方から「俺たちを殺す気か！」と、大声で怒鳴られました。

「7時に終わると言うから待っていたんだ。もう7時半じゃないか！　半になると最初からわかっていたら、この仕事は引き受けなかったぞ！」

運転手さんは怒り心頭です。中継は7時に終わったのですが、後片付けをしたり、機材をブルドーザーに積んだりしているうちに30分ほど過ぎていたのです。7時なら富士山頂はまだ明るいのですが、その後は一気に暗くなってしまいます。暗闇の中、ブルドーザーで細い道を下りるのはとても危険なのです。

しかもその日は台風がきていました。運転手さんの怒りは当然です。私たちは山を甘く見過ぎていたのです。運転手さんに怒鳴られて、私たちは初めてことの重大さに気付き反省しました。なんとか無事に山小屋に着いた私は、改めていろいろなことを考えました。

「山は本当に怖い。これから『山の天気にご注意ください』という言葉は、気持ちを込めて言わないといけないいな」

「あのとき、運が悪ければ、本当に死んでいたかもしれない」

「自然を甘く見ちゃいけない」

心身ともにくたくたでしたが、私はその夜、いつまでも眠れませんでした。アマチュアカメラマンの岡田さんの忠告通り、山を下りたほうがよかったのか、それともあのまま中継を続行したほうがよかったのか、今でもよくわかりません。いずれにせよ、このときの中継が勉強になったことだけは、間違いありません。

## 「日食病」を罹って12年

1991年7月、常夏の島ハワイ。私は、数多くの中継を経験してきましたが、海外からの中継はこのときが初めてでした。皆既日食が見られると言うので、私は取材クルーと一緒に現地に飛びました。こんなときは、「テレビの仕事をしていてよかったな」と思います。なぜなら、取材という名目で、さまざまな体験ができるからです。普通の仕事だったら、皆既日食を見るためにハワイまで行くなんて、考えられません。

皆既日食当日。私たちは海に近く景色が美しい場所で、皆既日食が始まるのを待ち構えていました。天気は薄曇り。とはいえ、観察には問題ないくらいの雲量でした。それに、ハワイは晴天率が90％を超える土地なので、これ以上雲がかかる心配も、ないように思えました。ところが、なんと、皆既日食が始まるほんの数分前から、雲が厚くなり始めるではありませんか。

「ウソだろ、オイ」

私たちと一緒に空を見上げていた人たちからも、落胆の声が上がりました。その間にも、雲はどんどん厚くなり、やがて非情にも皆既日食が始まったのです。あたりが徐々に暗くなっていきます。夜のような暗さというよりは、むしろ黒々とした雷雲が空をすっぽりと覆ってしまったような感じです。太陽は、厚い雲の向こうで少しずつ欠けつつあるはずなのですが、まったく見えませんでした。しかし、中継は待ってはくれません。もちろん、皆既日食も待ってくれるはずがありません。戸惑う暇も焦る暇も、まったくないのです。やむを得ず、私はテレビカメラに向かって話し始めたのですが、視聴者の落胆のため息が聞こえてくるような気がして、動揺してしまいました。天気は、自分の力では変えようもありませんが、曇ってしまったことが本当に申し訳なくて、思わず視聴者に謝罪しそうになりました。

しかし、後になって冷静に考えれば、自然相手の中継が、天気という自然に左右されるのは当然のことです。必ずしもうまくいくとはかぎりません。天気予報が仕事の私にとっては、なおさらです。また、だからこそ中継は面白く、価値があるのだと思います。

じつはこの後、皆既日食と私の関係はまだまだ続くのです。ハワイの空を、今か今かと見上げていたとき、雲がかかってしまい、「おんおん」と声を出して大泣きしているお年寄りがいました。理由を尋ねると、

「私は皆既日食が大好きで、ずっと追いかけてきた。年齢的に、今回が生涯で最後の皆既日食を見るチャンスだった。最後にハワイで見て、思い残すことなくあの世に行こうと思ったのに、それが達成できなくて悔しい」

私は、そのときは「いいネタがとれた」くらいにしか思わなかったのですが、なんとな

く好奇心がくすぐられ、２００９年に中国の上海に皆既日食を見に行きました。しかし、そのときも雨で見られず、そうなると、ますます見たくなるものです。

翌年、遥かイースター島まで出かけました。私はそこで、生まれて初めて皆既日食を見たのですが、人生観が変わるほど感動しました。そしてこのとき、私は「日食病」に罹ってしまったのです。日食病という言葉が、誰によってつくられたのかはわかりませんが、一度皆既日食を見るとその美しさに感動して、何度も何度も皆既日食を追いかけるというのが、病の特徴的な症状です。ハワイのお年寄りも、おそらく日食病を患っていたのでしょう。ここで皆既日食という言葉を繰り返し使っていますが、じつは日食には皆既のほかに金環日食と部分日食があります。太陽の縁が消えずリングのようになるのが金環日食です。しかし、金環日食と皆既日食では、太陽が月に隠されているという点では同じでも、まったく違う現象だと思います。

作家の故・赤瀬川原平さんは、著作『じろじろ日記』の中で「金環日食が10万円だとすると、皆既日食は１００万円くらい」と述べていますが、私はもっと大きな差があるように思います。金環日食は太陽の一部が消え残ることによって、空が真っ暗にならないのです。もちろん、肉眼で見ることもできないし、皆既日食のように空に星が出ることもありません。金環日食は部分日食と同じカテゴリーで、価値は皆既日食の足元にも及ばないと思っています。もちろん、天文学的な意味ではなく、個人の趣味としての感想です。

私はこれまでに世界7カ所に皆既日食を見に行きました。そして、なんと、2035年9月2日に日本の北関東で皆既日食が見られるのです。日本列島で見られるものとしては、1963年に北海道で見られて以来72年ぶり。本州では1887年以来、148年ぶりとなります。そのとき私は85歳。それまでは絶対に死ねません。なので、最近はお酒の量も控えていますし、健康診断も半年に1回必ず受けています。

なお2035年9月2日に皆既日食が見られるのは、能登半島から長野、宇都宮、水戸といった都市上空です。皆既帯（月の本影が通る道筋）と呼ばれる細い帯状のかぎられた地域だけでしか見られないので、事前に天気予報を調べて万全の態勢で臨んでください。

そして蛇足ながらもう一言、決して手抜きせず、必ず皆既帯で見ることをお勧めします。少しでも軌道を外れていると、ダイヤモンドリングも見えないし、空が少し暗くなっただけという残念な結果になってしまいます。

# 3章
# 気象予報の歴史と発展

## 気象予報の始まりと歴史

気象学は、他の自然科学と同様に、古代ギリシャの哲学者たちから始まったと言われています。気温や風などの観察が行われる中、「なぜ雨が降るのだろう」といった気象の原因が推測されるようになったと言われています。天気についても事前の兆候が探られ、それはその後「夕焼けになれば明日は晴れ」とか「カエルが鳴くと雨」などの諺の元となりました。

16世紀までの気象観測は、主に目で見た天気や動・植物の様子を記録するものでしたが、17世紀に入り気温や気圧の測定器が発明されたことで、それらを定量的に測定できるようになりました。そして、測定器の普及に伴い気象観測事業は促進されていきます。

一方、測定には一定の基準と安定した再現性が必要になります。基準の確立や測定の安定性のための試行錯誤が行われ、測定器や測定法の改善は19世紀に入っても続きました。

ところが19世紀になっても、気象学は専門的な学問とはならず、多くの気象研究者は産業や他の科学に携わりながら、趣味や副業として取り組んでいました。

19世紀前半、安定した測定器が比較的安く入手できるようになると、各地で気候などの解明のために気象観測が行われるようになりました。しかし、組織化されていない個別の観測では、いくら観測結果を積み上げても、気象の原因や法則の解明には限界がありました。気象のメカニズムの解明には、各地点の気象観測結果を系統的に結びつける「組織的な観測」という新たな仕組みの整備が必要でした。

この頃になると、自国の産業（貿易、農業、林業、漁業）や領土拡大のための実用的な情報、あるいは戦略的な情報として気候を調べるために、ヨーロッパでは国家規模の組織的観測網の構築が始まります。産業が発展するにつれ、物資や人の海上輸送が増え、それに伴い嵐による海難も増えていきます。とくにアメリカでは嵐による被害が多く、初めて嵐についての論争も起きたと言います。当時は嵐の種類について十分認識されておらず、竜巻、ハリケーン、低気圧などがすべて嵐と呼ばれていました。

そのような状況の中で、気象観測の結果を利用するための技術に大きな変化が起きます。それは、電信技術の発明です。電信によって各地の観測結果を気象電報としてすぐに集めれば、嵐の場所と移動方向がわかるため、船は事前に嵐に備えることができます。オランダ、ロシア、ドイツでは、各地の気象観測結果を電報で中央気象台に集めて、船舶用の暴風警報が開始されました。この暴風警報は実用技術として、フランス、イギリス、アメリカでも行われるようになります。

しかし、これはあくまでも現状把握でしかありません。数時間後程度の予測であれば有効ですが、それ以上先の天気予報にこの考え方をそのまま当てはめるには無理がありました。それなのに、世間の天気予報に対する期待は高まっていきます。天気予報についての科学的な法則や考え方が確立されていないにもかかわらず、イギリスではほかに先駆けて天気予報を開始したため、混乱も起きました。

世界で初めて天気図がつくられたのは1820年。ドイツの物理学者、天文学者で気象学者であったブランデスが、北アメリカ、ヨーロッパなどで過去の気象観測の記録を使い、1783年の1年間について、ヨーロッパの地上天気図をつくりました。この「広域の大気の同時の状態を定期的に俯瞰的に把握すること」を意図してつくった天気図は、後にイギリスの気象学者フィッツロイによって「総観天気図」と呼ばれるようになり、その後天気予報のための重要な手段として発展していくことになります。

また1823年には、ドイツの科学探検家フンボルトが、世界で初めて世界地図の形で気候図を出版しました。フンボルトは、探検で見つけた植物の地理的な分布を地図にしていたとき、世界の平均気温分布を地図にすることを思いつきます。この気温分布図は、20世紀半ばに作られた世界気温分布図と比べても大差なく、その質は驚くほど高いものでした。フンボルトによる気温分布図は、それまでの気候に対する考え方を変え、また気候を地図化した気候図を生み出し、気候の解明や気候知識の発達に大きな役割を果たしました。

国家の仕事として、世界初の天気図をつくるきっかけになったのは、ロシアとトルコの間で勃発したクリミア戦争です。1854年11月14日、黒海に停泊中のイギリスとフランスの連合艦隊とクリミア半島の陸上部隊が、猛烈な嵐に遭って壊滅してしまったのです。フランス政府は「嵐がくることが事前にわかっていれば、壊滅は防げた」と考え、当時のパリ天文台長ルヴェリエに調査を依頼します。

ルヴェリエは、海王星発見に貢献したことでも知られる人物です。依頼を受けたルヴェリエは、「11月12日から16日までの5日間、あなたの地方の気象状態をお知らせください。風や気圧、湿度がどんなふうであったかを教えていただきたいのです」とヨーロッパ各地の天文学者や気象学者に、当時の気象記録の提出をお願いする手紙を出しました。そして、多くの返事を受け取り、それらを分析した結果、この嵐を引き起こした低気圧は、スペインから地中海を経て黒海に進んだことがわかったのです。「嵐が移動する」ということは、当時のヨーロッパでは大発見でした。

ルヴェリエは、嵐の位置と進行方向や速度を、電報を使って短時間のうちに知ることができれば、電報を使って嵐の接近を警告できると考えました。そして、ヨーロッパ各国の気象観測所の気象データを電報でパリ天文台に集め、そこから嵐の警報を発表するという警報体制を構築しました。

またルヴェリエは、1856年7月からヨーロッパなどの約30地点の気圧、気温、風向・風速、天候などを観測表に記載した気象報告を毎日発行し、さらに1863年8月からは等圧線が描かれた天気図の発行と電報による警報業務を開始しました。

これが近代的な天気予報の始まりとされています。その後、天気の変化が国家の存亡に関わることが人々の間で認識され、天気図作成が本格化していくことになるのです。

## 気象観測がすべてのきほん

日本の気象については江戸時代に、地方ごとに雲や風、動物の行動と関連させて、さまざまな天気予報に関する経験が伝承され、それに中国の陰陽説を加えて1年間の晴雨、風や気温などを占った農事暦などの小冊子が作られていました。

また、漁業や海運業では、海に出ている間に遭難しないように、天気の変化を見極めることが行われていました。その天候を判断する行為やそれを行う人は「日和見」と呼ばれ、それを行うための港に近い小高い丘が「日和山」と名付けられました。今でも各地の海岸付近に日和山という名前の山が残っています。船頭や日和見はこの山に登り、四方を見晴らして雲のわき立つ方向や形、風の方向や強弱、空気の湿り具合などから、翌日〜数日後の天候を判断していました。

日本での気温や気圧などの測定は、海外からの測定器の伝来がきっかけでした。気圧計については、1800年頃に蘭学者の志筑忠雄が著した『暦象新書』に自作の測定器による気圧実験に関する記述があり、これが日本人による観測の始まりだと言われています。日本で測定器を使った最も古い現存する気象観測記録は『晴雨昇降表』で、これは1828年7月から12月までの1日3回の気温、気圧が記録されたものです。

気象の観測記録は、当時貴重な資料でした。1828年のシーボルト事件では、長崎にいたドイツの医師シーボルトが、伊能忠敬による日本地図などの国禁の品々を海外に持ち出そうとします。シーボルトが持ち出そうとして幕府が押収した品々の目録の中に、気象観測の資料も含まれていました。なお、シーボルト自身も長崎で1日3回の気象観測を行っていたそうです。

明治維新後は、さまざまな欧米の技術が入ってくる中で、日本でも気象の測定器を輸入して、欧米のような本格的な気象観測が行われるようになります。その先導役となったのが、お雇い外国人たちです。お雇い外国人とは、幕末から明治にかけて欧米の技術・学問・制度を導入して、「殖産興業」と「富国強兵」を推し進めようとする政府や府県などによって雇用された外国人のことです。

政府は明治元年からイギリス人技師ブラントンの指導の下で、全国に灯台9基、灯船2艘を完成させ、1871年6月から1日2回天気、気圧、風向、風力、気温の測定を開始しました。同年、測量のため工部省に測量司を置き、ブラントンの助手でイギリス人のマクビーンを測量長として雇用。彼の下で助手をしていたジョイネルが、1873年5月、政府に気象観測を建議します。政府はジョイネルの建議を採用してイギリスから気象測定器を購入し、1875年5月に東京赤坂の内務省地理寮量地課に設置しました。ジョイネルはその責任者となって、6月より気象観測を開始。この組織は後に東京気象台と称され、明治政府による組織的な気象観測の始まりとなります。ちなみに現在の気象記念日は、この日を記念したものです。

当時欧米では、すでに暴風警報を出す体制が確立されていました。日本でも海難による船舶や人命の被害が問題になっており、海難防止のための暴風警報の必要性が叫ばれていました。そして、日本において暴風警報を実際に実現させたのは、ドイツ人のクニッピングです。クニッピングは、1882年1月、地理局に採用され、暴風警報体制の整備を任されます。暴風警報を出すために、クニッピングは電報による気象データの短時間での収集の仕組みを整備し、さらにデータを一元的に総合して解析する仕組みをつくりました。そしてこれらの取り組みの結果、1883年2月16日、日本で初めて天気図が当時の東京気象台でつくられ、3月1日から毎日発行されました。ヨーロッパでルヴェリエが初めて本格的な天気図をつくったのが1863年なので、それに遅れること20年になります。

天気図は当初、全国21地点の観測所からの電報を元に等圧線、等温線を図に記入したものでした。等圧線、等温線を描く作業はクニッピングが1人で行い、天気図に天気概況を英文で書きました。残りは日本人の担当者が作業し、印刷するときには天気図の等圧線や等温線を画家が描いて、文字は書家が清書しました。英文の天気概況は和訳され、そのとき訳された「低気圧」などの言葉は、現在も使われています。

東京気象台に集められた各地の天気は、天気報告として公表され、これを1883年4月6日から福沢諭吉が主宰して発行していた時事新報に掲載されました。

そして1883年5月26日、日本で初めての暴風警報が発表されました。このときの気象状況は「全国的に気温が上昇するが気圧は下降し、四国南岸に中心をもつ低気圧によって、四国、九州方面は風が強い」というものでした。神戸では、この警報で船舶が出航を見合わせたため、暴風を避けることができたそうです。

天気予報の開始は、暴風警報の開始より1年後の1884年6月1日です。その予報は「全国一般風ノ向キハ定マリナシ　天気ハ変リ易シ　但シ雨天勝チ（全国的に風向きは定まらず、天気は変わりやすく、雨が降りがち）」という大雑把なものでした。当初は8時間先までの予報で、1日3回（6時、14時、21時）発表されていましたが、天気図をつくるための経費がかさみ、経費削減のため1888

年4月から、1日1回21時に発表されることになりました。

明治政府は、1887年1月1日、内務省観測課の東京気象台を中央気象台と改めて、国の気象業務の中枢機関として、地方の気象業務を指導しながらより天気予報に力を入れることになります。中央気象台は、天気予報を出すにあたり、あらかじめいくつかの新聞社に天気予報の掲載を打診しました。しかし次々と断られ、以前天気報告を掲載したことがある福沢諭吉が主宰する時事新報だけが、1888年4月から天気予報の掲載を開始します。すると、5月には報知新聞、6月からは朝野、読売、日日などの新聞が掲載を始め、さらに東京の新聞だけでなく地方の新聞も掲載するようになりました。

このように各新聞が天気予報を掲載し利用が広がっていくと、ある問題が出てきました。天気予報が執行所を通して地方の新聞社に届くのに時間がかかるため、21時の発表では翌朝の新聞に印刷が間に合わなかったのです。そのため、1891年6月に天気予報を14時発表の24時間予報に変更。さらに、1902年7月、時事新報から天気予報を1日1回ではなく2回にするべきという社説が出され、そのためか1903年1月1日から、天気予報の発表は、11時頃と18時頃の1日2回になりました。

また、時事新報は1893年より、予報文の外に予報に適応する絵を掲載していました。

絵は5種類あり、付記されている文章は、時事新報に謝意を表したいとして、中央気象台の粋人が書き入れたそうです。曇りは晴耕雨読で福澤諭吉がいちばん考えるとき。

雨は予報を信じて用意した雨具を使い、大雪は寒さを凌ぐために酒を飲むという記述があります。雨がやんでの晴れは、単に晴れている場合と違うことから、難しい晴れの字を使っています。「東に虹が出たときには傘は不要品だが、西に虹が出たときには傘を手放してはいけない」との有効な天気俚諺《りげん》があります。さらに、晴れのときに傘を持つのは日焼けを嫌う美人という記述があります。

しかし、肝心の予報の精度はと言うと、当時の観測網と気象学のレベルから、多くを期待するのは酷というものでした。そのような天気予報の難しさを世間は知る由もなく、評判はよくなかったようです。中央新聞は、間違いが多いと社説で天気予報を罵倒し、萬朝報という新聞にいたっては、自らと中央気象台の天気予報とどちらが当たるか、読者に判断してほしいという挑戦状を突きつけたりしたそうです。

このような状況下で、日露戦争の頃、戦場では兵士たちが「測候所！　測候所！」と叫びながら、敵に突撃していったと話題になりました。そうすれば、「まず、タマ（弾丸）に当たらない」というわけです。それほど、当時の天気予報の的中率は低かったのでしょう。

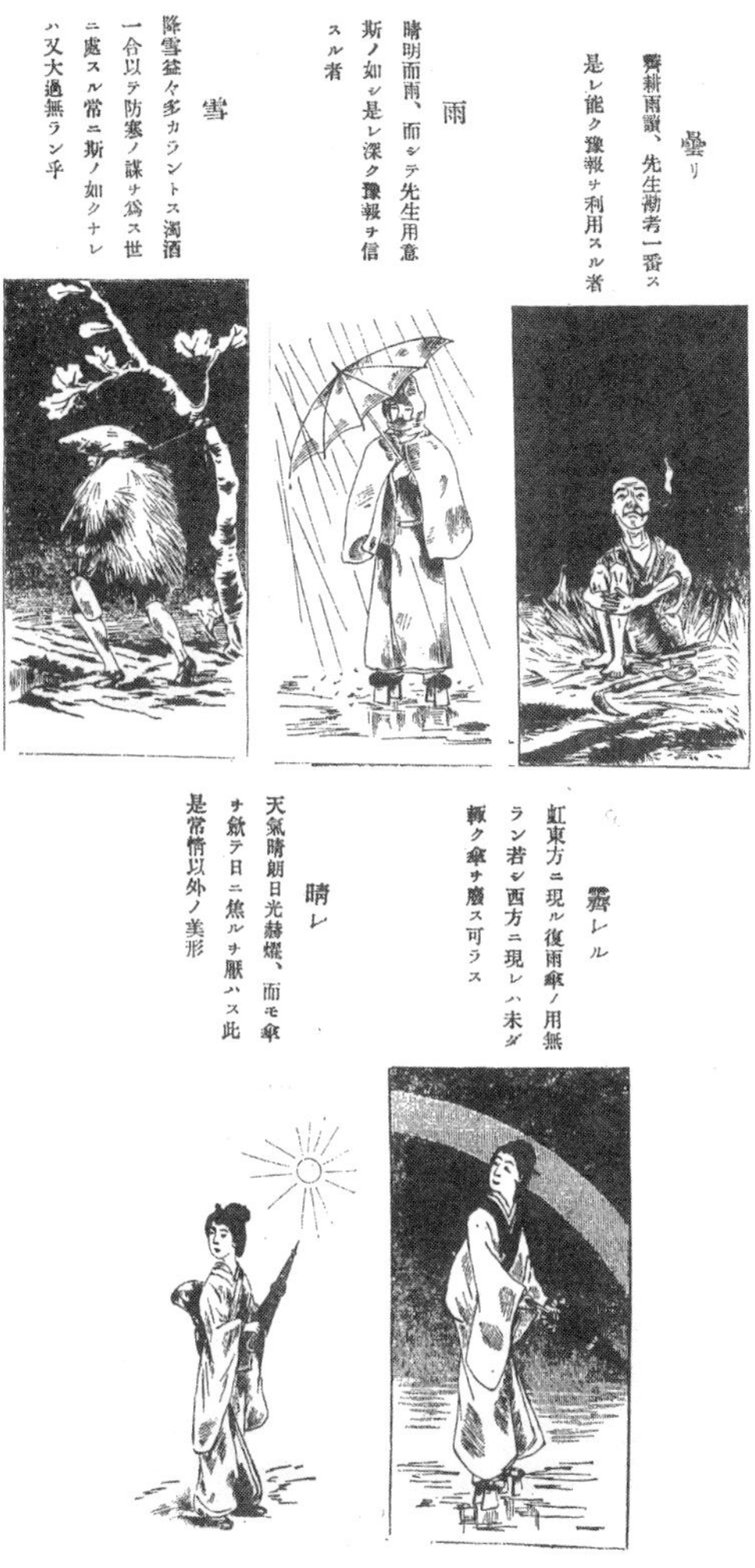


時事新報に掲載された天気予報

## 数値予報の誕生

20世紀初め、画期的な考え方である「数値予報」が誕生しました。これは、現在の大気の状態から未来の大気の状態を、物理学の方程式で計算し、予想天気図をつくるという方法です。この考え方を提唱したのは、イギリスの数学者・気象学者のリチャードソンです。コンピューターの実用化以前の1920年頃、およそ200㎞間隔で鉛直5層の格子を用いて、6時間予報を1カ月以上かけて手計算で行いましたが、残念ながら失敗に終わります。しかし、リチャードソンは、彼の著書の中で「64000人が大きなホールに集まり、1人の指揮者の元で整然と計算を行えば、実際の時間と進行と同程度の速さで予測計算を実行できる」と提案しました。とても現実的ではない提案ですが、数値予報の将来を信じた言葉は、「リチャードソンの夢」として有名です。

そして、第二次世界大戦後、コンピューター（電子計算機）が登場します。人類最高の天才と呼ばれたアメリカの数学者ノイマンは、気象学者のチャーニーらとチームをつくり、世界初の実用的なコンピューターと言われた真空管式のエニアックを使って、数値予報の実験に成功しました。

リチャードソンの失敗を乗り越えたこの成功の理由は、コンピューターの出現に加えて、大気の大規模波動のメカニズムの理解が進んだこと、数値計算法について十分検討を加えたことです。この成功を契機として、拷問のような手計算から解放され、気象の数値シミュレーション技術は、急速に発展することになります。

１９４９年からアメリカでは、コンピューターを使って天気図を作成しています。１９５５年、アメリカ国立気象局はコンピューター（ＩＢＭ７０１）を導入し、数値予報を実用化しました。

日本の数値予報の源流は、東京大学教授の正野重方から始まります。１９５３年、大学と中央気象台の関係者で地球規模の大気循環を研究する「大循環グループ」を結成して、数値予報の研究を始めました。１９５５年、正野は日本でも気象予報の数値計算が技術的に可能だと確信します。

翌年の１９５６年、中央気象台から昇格した気象庁では、大型電子計算機を導入。１９５９年にはＩＢＭ７０４を導入し、アメリカに次いで日本も本格的に数値予報を開始しました。ＩＢＭ７０４は、日本政府が行政用に導入した初めてのコンピューターで、導入当時は大きな話題となりました。ただし、その性能は現在のパーソナルコンピューターにも遠く及ばなかったため、当初の数値予報結果は現場の予報官の要望には応えられず、予報官の信頼を得るまでにはかなりの時間がかかりました。

数値予報が台頭してくるまで、日本の天気予報は観測結果を基に毎日天気図を描き、予想天気図を作成していました。その予想は予報官の主観によるもので、過去の経験がものを言い、予報の精度は予報官の経験や熟練度に左右されました。そのため、担当する人によって予報の的中率に差があったほか、予報官が一人前の予報ができるようになるまでには、長い年月を要しました。

私は、１９７４年に東京に転勤してきましたが、その頃の気象庁内には、「この予報は誰々がうまい」というような話がまだありました。しかし、数値予報の登場によって、コンピューターへの依存度が高くなり、解析業務の負担が軽減。誰が予報してもほとんど同じものになり、客観性が増して精度が向上しました。予報官の勘と経験に頼っていた予報は、１９７０年代後半から、本格的に数値予報重視へと変わっていきます。気象庁は、５～8年ごとに最新のコンピューターに更新して計算能力の向上を図り、また気象衛星などによる新たな観測データの利用も進めて、数値予報の精度を格段に向上させました。現在、数値予報は、予報業務を支える根幹として、不可欠なものとなっています。

## 天気予報における三種の神器

気象庁にコンピューターが導入された1959年、もう一つ気象の歴史に残る大災害が起こりました。私が小学3年生のときに経験した、死者・行方不明者5000人以上を出した伊勢湾台風です。戦後の自然災害で5000人以上が犠牲になったのは、地震を別とすると伊勢湾台風だけです。いかに大変な被害をもたらした台風だったか、想像できるかと思います。

伊勢湾台風の被害を受け、台風の事前観測と予報をより正確に行うために、富士山の山頂の測候所に気象観測レーダーが設置され、1965年に運用開始されました。3776mの高所に設置されたため、周囲約800㎞まで観測できるようになり、後に気象衛星ひまわりが打ち上げられるまで、台風の観測に大きな力を発揮しました（1999年廃止）。

気象レーダーとは、アンテナから電波を発射し、それが雨粒や氷の粒などに当たると跳ね返ってきます。その跳ね返ってきた電波を解析することで、雨粒・氷粒の大きさや雲の厚さなどがわかり、降水量が推測できるのです。

気象レーダーは、もともと戦争のために開発されたものでした。1940年代、敵の飛行機を発見するためにつくられたレーダーですが、どうしてもノイズが入ってしまいます。そのノイズが何か調べてみると、雨粒だったのです、こうして、軍用レーダーが気象レーダーに転用されていき、1954年の運用開始以来、現在20カ所に設置され、雨の実況を知る手段として、また予報にも活用されています。

また技術的な進化も続けており、2005年以降、気象レーダーの「ドップラー化」が進んでいます。ドップラーレーダーは、降水粒子の動きも察知することができるため、風向・風速がわかるのが大きな特徴です。これによって、「スーパーセル」のような危険度の高い雲を早めに発見することも可能になりつつあります。スーパーセルとは雲の中に低気圧性の渦をもった積乱雲で、しばしば大粒の雹《ひょう》や竜巻、突風などを起こすことで大変恐れられています。また積乱雲のスーパーセル化を察知することで、「竜巻注意情報」なども出せるようになりました。本格的なスーパーセルは日本では滅多に発生しませんが、近年は温暖化によって、発生頻度が増すのではないかとの心配もあります。

さらに伊勢湾台風を受けて、気象衛星の必要性を叫ぶ声が強くなり、1977年、気象衛星の「ひまわり1号」が打ち上げられました。「ひまわり」が登場するまでは、アメリカの極軌道衛星NOAAなどの画像を購入していました。「ひまわり」は静止気象衛星で、約36000㎞もの上空から、地球を撮影しています。静止衛星と言っても、本当に止まっているわけではありません。地球の自転と同じ方向とスピードで回っているため、その結果、地球上から見ると止まっているように見えるのです。

「ひまわり」が打ち上げられてからは、それまで見ることができなかった大気の様子がよくわかるようになりました。地球上を覆っている雲の様子も、一目瞭然です。「ひまわり」のおかげで、天気予報はずいぶん当たるようになりました。わかりやすく言うと「ひまわり」の担当が雲であるとすれば、レーダーは雨の担当と言えます。

「レーダーで雨雲を観測し、ひまわりで追跡しているのに、なぜ天気予報は外れるのか」と言う人がいますが、これには2つの間違いがあります。

まず、レーダーは雲を写すのではなく、雨粒をとらえているのです。なので、雨が降っていなければ、どんなに降りそうな雲があってもレーダーには何も写りません。そして、いちばん大きな間違いは、「ひまわり」に写った雲が、そのまま動いていくと錯覚することです。テレビで「ひまわり」の連続写真を見ると、確かに雲が西から東へゆっくりと動いているように見えます。しかし、それは雲が動いているのではなく、雲をつくるシステムが動いているに過ぎないのです。

つまり、西のほうでできた雲が、単純に東へ動いているのではなく、一つの雲ができては消え、できては消えしながら、雲のできる場所が東のほうへずれているのです。したがって、雲は刻一刻と姿を変えながら、複雑な振る舞いをします。そして、その振る舞いを決めるのは、雲をつくるシステムなのです。

雲をつくるシステムとは、低気圧や前線、台風などです。これらは、発達したりしなかったりで、雲を多くつくったり雲の姿を変化させたりします。それで、低気圧や前線の予測が天気予報にとって重要になり、「ひまわり」の雲の様子だけ見ていても、天気予報が簡単に当たらないということになるのです。

ところで、「ひまわり1号」が打ち上げられた1977年、私は日本気象協会の東京本部に勤務していました。当時27歳と若く、最新技術に興味津々だった私は、「ひまわり」についても勉強しました。すると、新しいものに苦手意識がある年配の先輩たちから教えを請われ、私は嬉しくなってますます勉強したことを覚えています。その後、「ひまわり2号」、「ひまわり3号」と次々に打ち上げられ、2015年7月7日より「ひまわり8号」が観測を担っています。また、「ひまわり9号」が、同軌道上に待機しており、2022年から運用される予定です。

もう一つ、実際の気象状況を把握するのに欠かせないのがアメダス（AMeDAS：Automated Meteorological Data Acquisition System）です。正式名称は「地域気象観測システム」で、英語の意味は「自動的に気象データを獲得するシステム」です。1974年11月1日に運用が開始されたアメダスは、無人で気温や降水量、積雪、風向・風速などを観測する装置です。運用中の気象台・測候所よりもさらにきめ細かい観測網をつくり、10分おきに無人施設で自動的に観測したデータを、回線でアメダスセンターに自動送信するシステムで、日本にしかない仕組みです。降水量を観測する地域観測所は、全国に約1300カ所（約17㎞四方につき1カ所）あります。そのうち約840カ所（約21㎞四方につき1カ所）では加えて風向・風速、気温、日照時間を観測しています。また雪の多い地方を中心に約320カ所では積雪の深さも観測しています。

ちなみに小さな規模の現象（局地的な雷雨など）の観測は、アメダスより気象レーダーのほうが得意です。ただし気象レーダーは、降水量や風速の値は出ません。一方でアメダスは、その場所で実際に観測された「実測値」であり、気象状況を把握するときの信頼性はより高いのです。例えばレーダーで雨雲が観測されたとしても、必ずしもその下で雨が降っているとはかぎりませんが、アメダスで降水量が観測されれば、降水があったことは確実です。

アメダスの観測値は、気象庁のウェブサイトで見ることができます。アメダスの観測データは、注意報・警報の発表や数値予報などに利用されるほか、気候変動の把握や産業活動の調査・研究などにも利用されています。

「気象レーダー」「気象衛星ひまわり」「アメダス」は、気象観測における三種の神器と呼ばれ、この3つがそろったことで、天気予報の世界は大きな変化を遂げました。

## 世界気象機関（WMO）

気象は、私たちの感覚がとらえることができる範囲よりはるかに大きな現象であり、それを知るには大規模な気象観測網と時刻や、手法、単位などを統一した組織的な観測が必要となります。各国が気象観測網をつくったとき、観測施設のハード面だけでなく、観測基準や観測時刻などの国内での調整や標準化が行われてきました。ところが、気象は地球規模の現象であり、その解明や予測には国内の観測だけでは不十分で、より広い範囲での観測結果を得るために、各国の観測結果の交換が必要不可欠でした。

そこで1873年、気象分野での国際協力を目的とする政府間組織として国際気象機関（IMO）が設立されたのです。IMOの加盟国は、1935年には93カ国に達していましたが、観測の統一と結果の共有の国際協力はなかなか進展せず、そうこうしているうちに第二次世界大戦が始まり、IMOの活動は中断してしまいます。

第二次世界大戦の終了後、中断していた気象観測の国際協力を直ちに復活させなければならないと、1947年9月、国際気象台長会議で世界気象機関条約が採択され、1951年、IMOは国際連合の中の専門機関の一つとして、世界気象機関（WMO）になりました（気象庁「世界気象機関について」より）。

現在WMOは、世界の気象業務の調和と統一のとれた推進に必要な企画・調整活動にあたっています。日本が加盟したのは1953年。191の加盟国・地域が1年を通して毎日気象予報を提供し、強い影響が考えられる天候について、信頼できる警報を迅速に発表しています。

また、気象観測の国際協力は、有事の際も重要になります。2022年現在、ロシアのウクライナ軍事侵攻が問題になっていますが、ウクライナの各地にある気象観測所からのデータが送信されていれば、その場所は攻撃されていないということになります。

またロシアの侵攻に関連して、ロシアが化学兵器を使用するのではないかと話題になりました。これを受けて一部の政治家が、「化学兵器は、雨や風向きなどが大きく関係する。だから、ウクライナの気象観測データを出さないようにしたほうがいいのではないか」と提言しました。私は呆れてしまいました。ウクライナが気象観測データの提出をやめたら、ロシアもやめるでしょう。世界地図を見れば、ロシアという国がどれだけ広いかがわかると思います。これだけ広大な土地の気象観測データがなくなったら、天気予報ができなくなってしまい、多くの人の生活に影響します。

そもそも、ロシアが化学兵器を使うのに、全世界誰もが見られる気象観測データを参考にするとも思えません。もっと独自の詳細なデータを持っているはずです。そういう意味でもＷＭＯの活動は、何があっても続けていかなければなりません。気象は本来、平和の象徴なのです。

## 「気象業務法」と「気象予報士制度」

気象産業に大きな変化があったのは、1993年の気象業務法の改正です。それまで1952年に制定された気象業務法により、契約した相手にかぎって予報を提供する「特定向け予報」は、許可された民間気象会社が行うことができましたが、不特定多数に向けた「一般向け予報」ができるのは気象庁だけでした。当時私は日本気象協会の職員で、気象庁の予報をテレビやラジオで解説をするのが仕事でしたが、気象庁の予報と違う見解を述べることは許されていませんでした。例えば、サクラの開花予想（当時は気象庁が発表）ですら、民間気象会社が行ってはいけなかったのです。

ところが、1980年代後半から「高度情報化社会」が社会的テーマになり始め、その一つとして天気予報も民間に開放するべきだという機運が高まります。また、規制緩和の流れも受け、1993年、気象業務法の改正が決まり、許可された気象会社は不特定多数の一般向けにも天気予報を発表できるようになりました。また、気象庁の予報を解説する

「解説予報」もほぼ自由にできるようになりました。その際問題となったのが、完全に自由化すると、個人が勝手に発信・発言し社会的混乱をきたすのではないかということでした。そこで、予報の品質を担保するために導入されたのが「気象予報士制度」なのです。

第1回気象予報士試験は、1994年8月28日に実施されました。初回は合格率が18%でしたが、その後は4~5%で推移しています。初回に合格率が高かったのは、自衛隊や民間気象会社ですでに予報業務に就いていた気象の専門家が受験したためです。その後、気象予報士の数は増え続け、現在はおよそ1万人を数えます。

こうして天気予報が自由化され、民間気象会社が独自の予報を発表できるようになりました。利用する側の立場から見ると、気象庁発表の予報だけに頼るのではなく、民間気象会社の予報も選べるようになり、自由度が高くなりました。

## 気象予報士の仕事と予報業務許可事業者とは

気象予報士の仕事は、気象庁が発表する資料や自分で観測した気象データを使って予報業務を行うことです。天気予報は市区町村単位で出していますが、気象予報士の制度は気象庁で対応できない地域的な天気予報を民間に任せようとしたものです。よりきめ細かい天気予報が欲しいときに誰もが利用できるようにして、その予報をいろいろな商売に利用し効率的な経済生活をもたらし、気象産業を起こすなど、日本のバブル崩壊以後の低迷した経済の立て直しに一役買おうと言うのです。

この期待された天気予報が、思い思い勝手気ままに出され、めちゃくちゃになってしまったら、経済の立て直しどころか、逆に崩壊しかねません。気象庁の発表する資料を元に、正確に天気予報を出せる能力があることを認定された人が、気象予報士ということになります。その能力の中でも、最も大切なことは、「気象の変動が災害に結びつく可能性があるかないか」を読み取る力です。気象予報士は、警報を出せませんが、気象災害を未然に防ぐよう努力することが最も重要な仕事と言えます。

気象予報士として登録しても、すぐに天気予報が出せるわけではありません。独自の天気予報を出せるのは、気象予報士個人ではなく、予報業務許可事業者、つまり組織をつくって予報をすることになります。もちろん、気象予報士1人の組織として許可を受けることもできます。天気予報を行おうとする人は、気象庁長官の許可を得て、予報業務許可事業

者にならなければ、独自の天気予報を行うことができません。許可を得るためには、

①予報業務を的確に行うための予報資料の収集や観測、および解析のための施設および要員を有すること

②警報を迅速に受け取ることができる施設や要員を有すること

③予報業務を行う事業所ごとに気象予報士が配置されていること

以上の要件を満たさなければなりません。つまり、予報業務許可事業者は、正確な天気予報と災害時のための警報の入手が確実にできるかどうかが審査の対象となります。

なお、予報業務許可の対象となるのは、大気の諸現象（天気、気温、降水、降雪など）の予想を発表するときです。花粉情報や、サクラの開花などは大気の諸現象ではないため、予報業務許可の対象外です。

また、洗濯指数のようなものについても、大気の諸現象と一対一に対応づけられるようなもの（例えば、指数の値から一定の式で気温などが逆算できる）以外は、予報業務許可の対象外となっています。ちなみに、許可を得ずに予報を発表した場合は、気象業務法の

規定により、50万円以下の罰金に処されます。

## 気象予報を行っている機関

天気予報を仕事として行っているのは、大きく分けると国の機関である気象庁と、気象庁長官から予報業務許可を受けた事業者の2つです。

気象庁長官から認可を得た「予報業務認可事業者」は、民間気象会社のほか一部の放送局、地方自治体、個人などを含めて、数は82（2022年6月現在）あります。このほか、防衛省（自衛隊）が所管の飛行場などの特定向け予報業務許可を取得しています。つまり、天気予報が仕事として行われているのは、気象庁と予報業務許可を受けた会社や個人、自治体、防衛省（自衛隊）ということになります。

いずれも、24時間365日、動き続ける気象の変化に対応するために、昼夜交代制勤務で行われることが多く、一般的に天気が荒れると、より多くの資料を見て、より細かい解析を行ったり、問い合わせや連絡を取ったりすることが増えるため、仕事は忙しくなります。

それぞれ、予報の目的や成り立ち、組織にどのような特徴があるのか紹介しましょう。

●気象庁

気象庁は、国土交通省の外局にあたる国の機関で、国内の気象に関わる最大の組織です。加えて地震・火山の観測・監視も行っています。気象観測や監視・予測、気象レーダー、気象衛星、アメダスなどの観測システムの構築・維持、コンピューターによる数値予報資料の作成、予報の精度向上、気候変動の監視など、日本の気象予報の根幹となる部分を担っています。気象庁の天気予報の特徴は、国民のための予報で、日本全国の都道府県単位までの範囲の予報を行い、それ以上に細かい地域のピンポイントの予報は、民間気象会社の予報に任せるというスタンスです。

ただし、「防災」の観点は重要です。気象庁の仕事は、気象業務法に基づいて行われます。気象業務法の第1条、目的には「災害の予防」が最初に挙げられています。災害への注意喚起をうながす警報や注意報を発表できるのは気象庁だけで、市町村というきめ細かい単位で発表されます。また、災害を引き起こすことが多い台風の予報（一般向け）をできるのも気象庁だけで、きめ細かい予報を行っています。

気象庁は「技術官庁」で、他の官庁と比べると、職員のほとんどが事務官ではなく、技官で占められています。気象庁には約4500人（2020年7月現在）の職員がいて、うち800人弱が予報官と呼ばれる人たちです。予報官になるためには、気象業務全般についての総合的な知識などが求められます。予報に関わる研修や現場での経験が必要になるため、各地の気象台で観測などの仕事をした後、40代後半以降に就任するケースが多いようです。

●気象庁の組織

気象庁本庁は東京都港区にあります。総務部、情報基盤部、大気海洋部、地震火山部などがあり、全国の気象台や測候所などで行う気象業務を統括しています。

地方支分部局（出先機関）は以下のものがあります。日本全国を6つのブロック（管区）に分け、札幌管区気象台、仙台管区気象台、東京管区気象台、大阪管区気象台、福岡管区気象台の5つ、管区気象台と同等なものとして、那覇に沖縄気象台が置かれています。本庁に次いで大きな組織であり、気象観測、管区内の広域の天気予報の発表を行い、管区内の地方気象台、測候所を統括しています。

地方気象台は、管区気象台の下に置かれています。管区気象台がない府県に1カ所ずつと、北海道に6つと沖縄に3つが主な支庁ごとに置かれているので、全国の50カ所にあり、管轄する府県、支庁などの気象観測、気象情報の発表を行っています。予報課、観測課などがあり、それぞれ約30人の職員が働いています。

測候所は、公務員削減の流れを受け、2006年の閣議決定で原則廃止となり、無人観測に切り替わりました。名瀬（奄美地方）と帯広（十勝地方）の2カ所のみ残されていますが、管轄エリアが広く、地方気象台に準じるものとされます。かつては、全国に約100カ所あり、「気象観測の最前線」と言われる重要な拠点でした。

航空地方気象台、航空測候所は、全国の空港にあり、規模によっては空港出張所が置かれています。航空機が安全に飛行して目的地の空港に着陸するために、空港の気象観測を行い、風や雲の量・高さ、視程、天気などの詳しい飛行場予報、口頭解説（気象ブリーフィング）を行うなど、さまざまな気象情報を提供しています。

施設などの機関としては、気象研究所は茨城県つくば市にあり、気象庁の業務の改善・推進に関わるさまざまな技術の研究を行っています。

高層気象台は気象研究所と同じ敷地内にあり、高層の大気の観測などを行っています。

地磁気観測所は地球電磁気現象を観測しています。

気象大学校は千葉県柏市にある気象庁の職員を養成するための機関です。

## ●民間気象会社

1994年の「天気予報の自由化」以前は、気象庁だけが一般向けの予報を行い、民間気象会社は特定の契約者へ独自予報を提供すること、気象庁が出した天気予報を解説することしかできませんでした。自由化以降、民間気象会社も、テレビ・ラジオ・インターネットなどを通して、不特定多数の人に一般向けの予報を提供できるようになり、その数も年々増えています。

民間気象会社は情報サービス業であり、その予報は気象庁のものよりも、地域、時間がきめ細かく、利用者にとってより使い勝手がよいのが特徴です。一般財団法人気象業務支援センターを通して、民間気象会社は、気象庁の保有するさまざまな気象データを入手したうえで、自前の観測データなどを加えて精度を高め、独自予報を行っています。

事業分野としては、テレビ、ラジオなど放送局の気象番組への予報提供はよく知られています。原稿の作成、キャスター派遣も行います。また、新聞やインターネットポータルサイトへの予報提供、街頭ビジョン、列車内で放映される番組への予報提供などもあります。

一方、事業として規模が大きいのが、特定の契約者向けの予報です。天気の影響を受けやすい道路会社、鉄道会社、航空会社、海運会社など交通関係の企業、電力会社、ガス会社、建設会社、地方自治体、イベント運営会社などに、それぞれの要望に応じたきめ細かい気象情報を提供しています。

また個人向けには、スマートフォンなどの携帯端末に有料制の天気予報を配信しています。希望地点を登録してのピンポイント予報、3日先まで1時間ごとの予報、10日先まで3時間ごとの予報などきめ細かな予報を提供し、収益は増加しているようです。

●さまざまな気象会社

事業の規模が大きく、よく知られているのが、一般財団法人日本気象協会と株式会社ウェザーニューズの2社です。日本気象協会は、私が24年間勤務した会社です。気象庁の外郭団体として出発し、NHKのテレビ・ラジオ放送の天気予報の解説を独占的に行ってきたほか、国や地方自治体、交通会社、電力会社などを顧客にもち、環境調査も行ってきました。

ウェザーニューズは、ベンチャー企業として発足した民間気象会社で、もともと船舶向けに気象情報を提供する会社だったことから、船舶の航路予報に強みがあり、そこからさまざまな業界に顧客を広げていきました。

組織については、各社さまざまですが、予報を担当する予報部門があり、気象情報を必要とする企業や自治体などの事業者と契約を結ぶ事業部門、ほかに気象情報を顧客に提供するシステムを担当するシステム部門、観測や通信機器を担当する技術部門、事務を担当する総務部門などがあります。

私が創業した株式会社ウェザーマップは、個々の気象予報士の人材育成に力を入れることで、天気予報番組への出演や放送局のサポートなどに強みがあります。

その他特定の分野に強みをもつ気象会社、例えば落雷予報に特化しゴルフ場や製造工場、イベント運営に顧客をもつ会社、サーファー向けの波浪予報を行う会社、山岳気象予報を行う会社、また、〇〇県といった特定の地域に限定する地域密着型の気象会社もあります。それぞれの会社によって顧客は異なり、1日に予報を出す回数や忙しさ、勤務体制も変わってきます。

## ●お天気キャスター・放送局

テレビやラジオに出演し、予報の解説をするのがお天気キャスターの仕事です。テレビに出演することから大変人気が高く、お天気キャスターを目指して気象予報士の資格を取得する人もたくさんいます。天気予報の解説に気象予報士の資格は必要ないため、放送局のアナウンサーが担当する場合や、女性タレントなどが「お天気お姉さん」などとして担当することもありますが、最近は、気象予報士が担当を任されることが一般的になりました。この場合、民間気象会社に所属する気象予報士が出演したり、制作・芸能プロダクションに所属する気象予報士が出演することもあります。

お天気キャスターは、自分の予報が当たることよりも、気象庁の資料を読み込んで解析し、「なぜそのような天気予報になるのか」をわかりやすく解説できることが求められます。つまり、予報そのものではなく、予報の解説に重点が置かれ、予想される気象現象が人々の日常生活にどのような影響を及ぼすのか、また災害の可能性があるならば、どういった被害が及ぶおそれがあるのか、ということを伝えるのが役割です。

出演する場合、生放送であることがほとんどで、「与えられた番組の時間内で、必要なことが伝わるように話す」という技術を身につける必要があります。放送の数時間前には放送局に入り、本番までの間に資料を分析して気象状況の流れをつかまなければならないので、集中力が要求されます。

また、テレビやラジオのお天気番組は、お天気キャスター1人でつくるものではありません。放送原稿を書くサポートスタッフ、天気図、衛星画像などを用意するアシスタントディレクターなど、番組制作のスタッフとともに制作チームの一員として番組をつくっていくため、気象のプロとしての自覚はもちろん、放送業界で働くという意識や心構えが必要になってきます。

## ●自衛隊の気象隊

主に航空機を運用する航空自衛隊を中心に、自衛隊でも天気予報が仕事として行われています。自衛隊の天気予報は、一般向けのものではないので公表されることはありません。内部にのみ発信されるため世間には知られていませんが、任務の遂行に関わる気象情報はとても重要です。

自衛隊の予報は、一般向けの予報とはそもそもの目的が違います。一般向けの予報では人の多く住む都市部が中心となりますが、自衛隊の場合、基地や演習場、飛行場のある場所の局地的な予報が大事になります。とりわけ航空機に関わる予報は重要で、飛行場、着陸地、飛行ルートの気象状況はもちろんのこと、機体に付く雪氷の可能性や風の影響など、きめ細かく予測することが求められます。航空自衛隊、海上自衛隊、陸上自衛隊の航空基地には、気象隊や気象班があり、航空機を操縦するパイロットの部隊に詳細な予報を提供するために、気象観測と予報業務が行われています。

海上自衛隊では艦艇向けに波の予報なども行います。予報を行うのは、気象幹部、通称「予報官」と呼ばれる気象専門の幹部自衛官です。予報は「気象ブリーフィング」として、予報官から直接、飛行場のパイロットに伝えられます。気象隊の組織は、観測班、整備班、予報班からなります。予報を行うのが予報班で、観測班は気象観測員が24時間体制で観測を行い、予報官をサポートします。整備班は、観測器材の整備・メンテナンスを行います。

航空自衛隊の航空基地の気象隊は全国に20個、気象班が2個あります。海上自衛隊では、気象海洋の職種で飛行場や艦艇で予報を行います。中枢気象隊が府中基地（東京都府中市）にあり、全国の基地や駐屯地から観測結果を集め、独自の解析・予測を行っています。

自衛隊の観測データは気象庁をはじめ、世界の気象機関の予報にも利用されています。

気象庁、気象会社、お天気キャスター、自衛隊、またどういった部署なのかによって生活は異なりますが、自然現象に向き合う仕事、という点では共通しています。

気象の仕事は、自然を相手に働くことになるので、予報を担当する業務に就いた場合、天気が荒れると忙しくなりますが、いつ荒れ始めるかというのは、直前にならないとわかりません。また、天気予報はときに命に関わる大切な情報なので、毎日休みなく出し続けなければなりません。日曜日も祝日も、盆暮れ正月、クリスマスも関係なく、予定通りには休めないことを覚悟しておく必要があります。

## 気象予報士の勤務体制

予報業務の場合、当たり前ですが24時間365日体制となります。天気予報に休日はありません。24時間常に変化し続けるため、日勤・夜勤の2交代制、もしくは日勤（早番）・日勤（遅番）・夜勤の3交代制で、24時間体制が組まれることが多いです。

ほかの職業でも同じですが、交代制勤務の場合、日勤と夜勤があり、生活のリズムが不規則になります。とくに夜勤が何日も続くと、若くても体力的にきつくなります。

　また、常に変化し続ける気象を追うため、長時間労働になりがちです。災害の可能性があるような悪天候のときは、顧客や他部署からの問い合わせが増えたり、解析にかける時間を増やしたりするため、出勤時間は早くなり、また退勤時間も遅くなったりして、日勤と夜勤の区別がはっきりしなくなります。加えて、臨時増員で予定外の勤務が入ることもあります。

　さらに休日も、天気図などの予報資料を追い続けないと、どのような流れで今の気象状況に至ったのか、例えば低気圧は発達しながらやってきたのか、衰えながらやってきたのかなど「天気のストーリー」がわからなくなってしまいます。そうなると、休み明けの業務に支障をきたすため、休日もつい気象データばかり見てしまい、完全に休めないという人も多いようです。

# 4章
# 気象予報士になるには

## 受験資格と試験内容

1994年に始まった気象予報士試験ですが、お天気キャスターやアナウンサーはもちろん、最近はアイドルも受験するなど、すっかり世間に広く知られるようになりました。

実施するのは一般財団法人気象業務支援センターで、気象庁以外の予報許可事業者、つまりウェザーマップのような民間気象会社などで予報業務を行う人には、絶対に必要な国家資格です。予報業務に必要な最低限の知識や技能を持っていることを認定する試験ですが、その主なポイントとして、以下の3点が挙げられています（一般財団法人気象業務支援センターのウェブサイトより引用）。

①今後の技術革新に対処しうるように必要な気象学の基礎的知識
②各種データを適切に処理し、科学的な予測を行う知識および能力
③予測情報を提供するに不可欠な防災上の配慮を的確に行うための知識および能力

要約すると、おおよその気象学の基礎知識があるか、データに基づく科学的な予測ができるか、防災面を配慮した情報提供ができるかの3つを試される試験ということです。気象予報士の資格は一度取得すれば、更新や期限はなく生涯有効です。国家資格の試験と言うと、細かい受験資格が決められていることが多いのですが、気象予報士に関しては受験資格の制限はまったくありません。生まれたばかりの赤ちゃんでも、１００歳のお年寄りでも、受験申請をすれば受験票が送られてきます。日本人だけでなく外国人でも、本人を証明できるものがあれば受験できますし、合格すれば気象予報士にも登録できます。

さらに、司法試験のような受験回数の制限もなく、何回でもチャレンジ可能です。実際には、10代から80代の方までの受験者がおり、なんと、小学生の気象予報士も生まれています。

誰でも受験できる気象予報士の試験ですが、学科試験のレベルは大学の教養課程程度とされています。だからといって、大学に行かなければ合格できないわけではありません。大学で初めて学ぶことは、熱力学の第一法則と偏微分方程式くらいです。

しかも、熱力学は掛け算割り算の公式を覚えておけば、問題は解けます。偏微分方程式も方程式がどのようなことを表しているのか、理解しておけば大丈夫。偏微分方程式を使って解くような問題は出題されません。それ以外は、小学校から高校までの理科系の内容を気象向けに置き換えていけば、ほとんどの問題は解けます。お天気は、誰でも生まれたときから身近にあるものなので、まったく初めてということはありません。どんなに難しく説明してあっても、実際は体験していることです。試験問題の内容よりも、難しい言葉や公式に惑わされないようにしましょう。

試験は、学科試験と実技試験に分かれています。学科試験は、一般知識と専門知識。実技試験は3科目あります。試験は学科試験を午前中、実技試験を午後に行います。学科試験が一次試験、実技試験が二次試験に位置付けられ、受験者は学科試験の結果に関係なく全員が実技試験を受験できます。しかし、実技試験をどんなにしっかり解答しても、採点してくれるのは学科試験に合格した人の分だけです。学科試験で合格点を取れないと、実技試験は単なる受験経験にしかなりません。ただし、試験問題は持ち帰れて、解答例も後日、気象業務支援センターからもらえるので、実技試験も受けたほうが得策です。

そして、学科試験の合格者は、実技試験で落ちても、次回の試験では合格した科目は受験が免除されます。受験免除は、学科試験の一般知識、専門知識、それぞれ合格発表の日から1年間有効です。学科試験合格者は、実技試験のことだけ考えればいいので、精神的にかなり楽になるでしょう。さらに、気象業務に関する業務経歴があれば、申請すると学科試験の全部または一部が免除される制度もあります。

学科試験は、一般知識と専門知識の2科目です。問題数はそれぞれ15問。答えは5者択一のマークシート方式です。この5者択一は、勉強の進み具合の目安になります。5個の中から迷っているようでは初心者レベル、4個や3個の中から迷っているようではまだま だ、2つにしぼった中から正解を選べるようになって初めて「合格」に近づいたと言えます。

実技試験は、①気象概況およびその変動の把握、②局地的な気象の予報、③台風等緊急時における対応の3科目です。実技と言っても、面接官の前に立って、天気図を見ながら口頭で予報を発表するのではなく、筆記試験方式です。実技試験は、学科試験の内容をしっかり理解し、自分の言葉に置き換えて説明できるようにしておくことと、試験問題が何を求めているのか理解する冷静さを持つことが大切です。

最近の気象予報士試験の合格率は、平均して約4〜5%です。第1回の試験の合格率が

18%と極端に高いのは、問題が簡単だったわけではありません。このときの受験者の中には、気象庁の職員や自衛隊員、民間気象会社の社員など、気象のプロたちが一斉に受験したため、合格率が高くなったのです。

最近の合格率4〜5%という数字は、ずいぶん難関のように見えますが、これは最終合格者の数です。つまり、学科試験だけ合格している人はその何倍もいるということです。一発で合格できなくても、1回目は学科試験の一般知識、2回目は専門知識、そして最後に実技試験と段階を追って、合格を勝ちとっていくという作戦もあります。

合格の基準は、学科試験の一般知識と専門知識が、15問中正解が11問以上。実技試験は、総得点が満点の70%以上です。ただし、問題の難易度によって調整することがあるので、学科試験でも12問以上取らなければ合格できないケースもあります。

試験日程は、2022年現在、8月と翌年1月の日曜日、年2回です。1994年の第1回の試験は、8月と12月、翌年の3月の3回行われました。民間気象会社で、昼夜交代で予報業務をしている人たちへの便宜をはかり、初年度だけは1回多く試験が実施されたのです。

じつは、今後も毎年2回行われると決まっているわけではありません。気象業務法では

「毎年少なくとも1回行うこと」となっているため、合格者が増えて気象予報士が余ってきたり、受験者数が極端に減ってきたりしたら、試験回数が年1回に減らされる可能性もあります。学科試験合格者の試験免除が合格発表から1年間となっているため、試験回数が減ると受験者にとっては不利になります。受験すると決めたら、なるべく早く資格を取ることをお勧めします。

現在、年2回実施されている気象予報士の試験ですが、それでも受験の機会を逃すと次の試験まで約半年もあるので、受験日の情報は確実に入手しておきましょう。試験が行われるまでの手順は次の通りです。

①試験要項の発表…試験日の約3カ月半前
②申し込みの受付…試験日の約2カ月半前から19日間
③試験日…8月と1月に実施（2022年現在）
④合格発表…試験日から5～6週間後
⑤気象予報士登録…いつでも。有効期限は生涯

以上の日程は毎年変わるので、1月以降に気象業務支援センターに確認してください。

これらの手続きには、試験要項に200円、受験手数料に11400円、気象予報士登録料に3600円がかかります（2022年現在）。ただし、学科1科目が免除の場合10400円、学科2科目が免除の場合9400円となります（2022年現在）。部分受験でもそれほど割引にならないので、経済的に厳しい人は、一発合格を目指したいところです。

## 勉強の取り組み方

気象予報士の試験は難しいと言われていますが、じつは世間で言われているほど難しくはありません。ところが、「気象学ってバリバリの理系ですよね？　文系じゃ絶対無理でしょう？」という声をよく耳にします。確かに、気象は奥が深く、優秀な学者が一生研究しても解明できないことがたくさんあるでしょう。しかし、気象予報士の資格は、気象学を極める必要はありません。気象学の初歩をマスターすればいいのです。なぜなら、気象庁が発表する気象資料の読み方と、その状態がどうして起こるのかを理解できることが最低条件だからです。

目の前にある雲がどうしてできるのか、風はどうして吹くのかという身近な出来事から、気象庁の発表する注意報、警報の根拠を理解することまでが目標になります。気象現象は、生まれてから自然に接しているものなので、ほとんどの人はいちいち疑問に感じることはないでしょう。その当たり前の現象の謎を、地道に解き明かしていくのです。

また、小学生や中学生も合格していることを思い出してください。彼ら彼女らが天才だとしても、インタビューで「当時は、三角関数も微分積分も知らなかった」と答えていました。つまり、普通の子どもたちだったのです。

では、どうして合格できたのでしょうか。それは、すべての公式を覚える必要がないからです。出題される公式はほぼ決まっているので、文系の人で数式アレルギーなら、式を丸暗記してしまえばオッケー。後は、中学生レベルの対応力があればほぼ対処できます。計算のレベルも、足し算・引き算、割り算・掛け算、分数ができれば大丈夫です。ただし、大学生以上の人は、電卓やコンピューターを使う機会が増え、手計算の力が落ちている可能性があるので、計算練習をしておくといいでしょう。じつは私自身も、第1回の試験では、小学生レベルの割り算で、失敗しました。

そして、最も大切なのは、今まで数学や理科、物理がどんなに嫌いであっても、苦手だという意識を捨てることです。気象予報士の勉強は、今まで嫌いだった数学や理科、物理ではなく「明るい将来を迎えるための気象学」なのです。

とはいえ、そもそも論になりますが、勉強自体が嫌いな人は受験を諦めたほうがいいかもしれません。なぜなら、気象予報士の資格に合格するためには、一定程度の基礎知識があると仮定して、早い人で600時間。普通は予備校などに通って1000時間。独学だと2000時間くらいかかると言われているからです。1000時間と言っても、四六時中勉強をしているわけにはいかないので、仕事をしながらだとおよそ1～3年、独学だと5年くらいかかる計算になります。これだけの勉強時間を捻出できない人は、厳しいことを言うようですが、やめたほうがいいと思います。これは優劣ではなく、得意不得意の問題です。気象予報士になれなくても、気象と関わる方法はいくらでもあります。

## どうやって、どこで学ぶ？

誰でも受験できると言っても、気象現象の起こる仕組みだけでなく、観測機器の原理なども理解しておかなければなりません。何もわからない状態で勉強にとりかかっても、どこを重点的に勉強すべきか、どこが基本でどこが応用の部分なのかなど、独学ではつかみにくいところがあります。気象学を学ぶにあたり、予備校、通信講座、大学など、さまざまな手段があります。それぞれ長所と短所があるので、自分の性格や目標に合わせて上手に利用してください。

例えば「大学」と「予備校、通信講座」の違いを見てみましょう。大学では4年間をかけて、深く気象学を学びます。実際、気象庁や民間気象会社で長年活躍している職員には、大学や大学院で気象学を学んだ人が多いのも事実です。気象学の研究方法や論文の書き方なども習得できますが、気象予報士の資格取得を目標としている人にとっては、やや遠回りに感じるかもしれません。

一方、予備校や通信教育では、資格の取得のみをターゲットにしているため、大学に比べて短期間かつ経済的負担も軽く済みます。気象を学ぶ予備校では、入学金や教材費などをすべて合計して30万円前後必要になることが多いようです。講師が直接指導する場合と、モニターを通してのライブ授業の場合があり、好みや都合で選べます。大人数制か少人数制かによっても、雰囲気が異なります。学校や塾で授業を受けるのが好きな人や、コミュニケーションスキルがあり積極的に切磋琢磨できる人向きと言えるでしょう。講師にすぐ質問できる、勉強仲間ができて人脈が築ける、時間割が決まっているため半強制的に勉強できることが長所です。短所としては、自分のペースで勉強を進めにくいことが挙げられます。受け身で受講していると、よくわからないまま先へ進んでしまうこともあります。自分で参考書を読んで予習したことを、講座で確認する程度に、主体性を持って勉強しましょう。

また、通信教育では、かかる費用は10万円以下が多いようです。1人でコツコツ頑張れる人、勉強のペースがつかめている人、やる気がキープできている人などに向いていますが、予備校に比べて質問がしにくいという短所があります。

ここで大切なことは、講師がどれだけ立派な先生であるか、ということではありません。その講座が自分のレベルに合っているか。講師や担当者がどれだけ受講者の立場で受験ということを考えてくれているかということです。勉強に行き詰まったときに、講師が勉強の仕方を個別に指導したりするところもあります。気象予報士受験ナビゲーターとも言える受験講座を決めることは、その先の人生を大きく変える可能性もあるので、慎重に選んでください。

もう一つ、独学という方法もあります。費用は基本的に参考書のみで済むのが長所です。自分のペースを大切にしたいという人は、独学でチャレンジしてみてもいいかもしれません。ただし、どれだけ勉強しても合格するまでは何のリアクションもありません。通信教育以上に、孤独に耐えられること、強いモチベーションを持つことが求められます。

## 学科試験と実技試験の勉強のポイント

学科試験は予報業務に関する一般知識と予報業務に関する専門知識の2科目に分けられます。学科試験は一次試験のようなものです。学科試験2科目に合格しないと、実技試験を受ける意味がありません。しかも学科試験の内容は実技試験の基礎になるので、しっかり勉強してください。気象予報士試験の受験講座などで行う授業内容は、多くの人を対象にしているため、ある程度難しいところからスタートします。なので、理科系にご無沙汰している人は、講座を受ける前の準備も必要です。

その一つは、テレビの天気予報を見ること。とくに気象予報士のキャスターが説明していることをよく聞き、次の日、空を見て天気予報で言っていたことを実際に確認してみましょう。テレビを見たり、空を見たり、今までの勉強のイメージとはまったく違うということを実感してください。天気の勉強は、今までの勉強よりも楽しいのです。楽しく思うことが、最も有効な突破方法なのです。

また実技試験は、各種の天気図や気象情報を見て、天気概況を理解したり、気象の変化を予想したりする問題が出題されます。この実技試験を突破するには、4つのポイントがあります。

①実技試験は学科試験のまとめである

実技試験を必要以上に恐れることはありません。学科試験は5者択一ですが、実技試験は学科試験の内容を組み立てていき、実際の天気予報を行うようなものです。正解を選ぶのではなく、考えなくても答えが自然に出てくるように学科試験の内容をマスターしてください。学科試験の正答率9割以上の実力が必要です。

②天気図の見方をしっかり覚えておく

天気図は、天気予報などでよく見かける地上天気図以外に、上空の高層天気図などがあり、それぞれ気圧、風向・風速、湿度、気温などのほか、上昇流や渦度なども示されています。これらが天気に与える影響や意味に十分慣れておくことが必要です。

③天気の型をマスターする

「専門的な天気図を３０００枚書かなければ、気象の世界で一人前になれない」ということは、すでに説明しました。１日１枚書いたとしても、３０００枚書くには10年近くかかってしまいます。気象予報士の試験までに、どんなに頑張ってもそこまではできません。

しかしせめて、ＮＨＫラジオ第2放送で毎日夕方放送される気象通報を聴いて、自分で天気図を書けるようにはしておきたいものです。

また、新聞に載っている天気図を切り取って、天気図と各地の天気の状態を結びつけられるようにもしておきましょう。地上天気図を見ただけで全国の天気の傾向をつかんだり、高層天気図が想像できたりするようになれば、気象予報士への道もゴール間近です。

④素直な気持ちで問題を解く

実技試験の問題はたくさんの資料が出てくるので、どの資料を見ていいのかわからなくなってしまうこともあります。しかし問題をよく読むと、どの資料を見て、何を答えるのかちゃんと書いてあるのです。問われていることを簡潔に書きましょう。解答欄の文字数は、答えを書くのに大いに参考になります。文字数が足りなければ、答えが不十分だし、解答欄からはみ出してしまうようだったら、余計なことを書いていることになります。

このほかにも実技試験は、問題のつながりの中にヒントが隠されている場合もたくさんあるので、じっくり読んで問題と仲よくなってください。

## 参考書のステップ

今や書店に行けば、山のように気象学や気象予報士関連の本が並んでいます。どの本を購入すればいいのか、迷ってしまうことでしょう。いきなり難しい本を手にとっても、挫折するだけです。とりあえず少し読んでみて、内容がスムーズに頭に入ってくるものがベターです。ここでは4つのステップに分けて、参考書の選び方をアドバイスしましょう。

●STEP1　マンガや小学生向け

気象の入門書と言っても、残念ながら誰が読んでもわかる本はありません。人間は自然の中で生活しているのですから、本当の意味での入門書は、生活の中の天気を注意深く観察することです。敢えて入門書として紹介するとしたら、『天気100のひみつ（学研まんがひみつシリーズ）』（シュガー佐藤著、学研プラス）です。これは、小学生向けに出版されているマンガを使った天気の解説書です。「どうして雨は降るの？」など、質問形式で天気を解説してあります。

この本を読む目的は、今まで当たり前に思っていた気象現象を再認識することです。国家試験の気象予報士の資格を目指す大の大人が、小学生向けのマンガを読むなんてプライドが許さないという人もいるでしょうが、内容が充実していて侮れません。この本に書いてあることをすべて正確に説明することは、気象予報士の試験に合格することよりもずっと難しいのです。最初は難しいことは考えず、小学生向けの説明に納得して、気象に対する関心を増やしてください。ここで学んだことが、次の段階での常識になります。

●STEP2　高校生向けの地学参考書、中学の数学と三角関数

小学生向けのマンガで、天気の常識すべてを得たと思ったら大きな間違い。ここまでの常識だけで気象予報士の勉強に入るのはまだまだ大変です。なぜなら、マンガは気象学を専攻している人や気象予報士の試験問題を作る人にとっては、所詮小学生レベルの常識でしかないからです。もう一段ステップアップが必要です。

小学生向けからのステップアップと言えば、当然ながら中学や高校のレベルということになります。この高校までに勉強していることが、気象学では基本にあたると考えてください。その基本書ですが、高校で天気のことが出てくるのは地学です。高校の地学は理科の中で、最も授業時間が少ない科目です。その中でも天気の部分は、あまり多くありません。中学では、さらに少なくなります。したがって、この段階では、高校の地学の参考書を読んでください。また、中学の数学と三角関数（sin, cos, tan）の復習もしておくとよいでしょう。

さて気象学を専攻している人は、自分が気象を勉強しているという意識が芽生えるのは、

大学や気象大学校に入ってからです。ということは、高校までに勉強したことは、気象学というよりは、一般常識の範囲に入ります。ここで、気象予報士の勉強をするための下地ができたと言えるでしょう。

●STEP3　やさしい気象の専門参考書

ここでやっと気象の専門書が出てきます。『新 百万人の天気教室』(白木正規著、成山堂書店) などが、気象の基本専門書ということになります。『新 百万人の天気教室』は、高校生〜大学生レベルの内容が、あまり数式を使わずに網羅されています。この基本専門書を読むことが、気象予報士の勉強のスタートということになります。

スタートするまでになんと手間のかかることかと思うかもしれませんが、どんなものでも基礎知識や基礎体力は技術アップ以前にとても大切なことです。気象予報士でも、基礎知識を持っておくことが、その後の勉強の理解の深さやスピードに大きく影響します。ここで手を抜かず、しっかり自分のものにしましょう。

ここで出てくる公式は、ほとんど加減乗除だけでできています。この式は、試験を受けるまでに理解し覚えなければなりませんが、最初から理解しておく必要はありません。この段階では、大切なものだということだけ認識できれば大丈夫です。その他にも1回読んだだけでは、何のことかわからないことも多くあります。わからないことはあまり悩まないで、飛ばして次に進んでください。何回か読むうちに、少しずつ理解できるようになるので、この基本書は、最低5回は読むようにしましょう。本についた手垢の量だけ、理解も進むはずです。

### ●STEP4　気象学の分厚い本

ここまでくれば、いよいよ分厚い専門書の出番です。お勧めは、気象学のバイブルと言われる『一般気象学』(小倉義光著、東京大学出版)。気象学を学ぶ人なら必ず読む本です。専門書としては読みやすく、「読み物」としても楽しめます。ところが、「小さい文字の厚い本。気象学だの技術だの難しそうな言葉の題名。中を見ても訳のわからないことが書いてある。本を開いて、5分もしないうちに眠くなってきた……」と思う人が大勢いることも事実です。

でも、それは当たり前のことです。なぜなら、ここで出てくる本は気象学の本。つまり、気象学者が気象学の常識の上に書いた本だからです。しかし、ここで少し落ち着いて、本の中身をゆっくり読んでみてください。式のところは飛ばしても構いません。思い出してきませんか。今まで読んだマンガの本や、地学の参考書に書いてあったことを。そうです、ここで出てくることの多くは、前項までの参考書ですでに説明してあることなのです。ただ、専門書であるため、説明の仕方が高度であったり、専門用語を使ったりしているだけなのです。

気象予報士の勉強と言うと、講義の多くがこの段階から始まるので、文系の人が気象の勉強を始めた場合、余計難しく感じるのです。ここは、今までの知識を気象予報士の試験向けに組み立て直し、細かな知識で仕上げをする段階です。STEP3までに気象の骨格になるものを仕入れておいて、ここでその骨格を組み立て、肉付けをしていくのです。

その他、過去問をたくさん解くのがお勧めです。最近の問題と模範解答であれば、気象業務支援センターのウェブサイトで見ることができます。過去問題を解くことで、自分の弱点が見えてきます。考えなくても自然に答えが出てしまうくらい、過去問を何度も何度も解いてみましょう。

## 理科嫌いの克服術

理科の「理」には、田んぼの〝田〟という字が入っています。昔から、日本人の主食である米を作る田んぼは、貴重な場所でした。その田んぼの区画を分けるために筋を入れると、〝里〟という字になります。左横の〝王〟には、その区画をさらに磨くという意味があります。〝磨く〟には、ものの表面をきれいにすることのほか、努力して学問や芸を上達させる意味もあります。つまり「理」という字は、物事の筋道が整っていることを表し、「理科」というのは「物事の道理や成り立ちを深く知ろう」という学問の入り口なのです。

理科は、地球の成り立ちから始まり、生物や植物、天体、地学など、私たちの身の回りのさまざまなことから自然まで、多くの不思議を扱う学問と言えます。そしてそれを、さらに深く研究していく学問の一つが「物理学」ということになります。

2021年のノーベル物理学賞は、アメリカ・プリンストン大学の眞鍋淑郎博士が受賞されました。受賞理由は、地球の気候をコンピューターでシミュレーションする方法を開発し、地球温暖化研究の基礎を築いたということです。眞鍋博士は愛媛県に生まれて、1958

年にアメリカに渡りました。アメリカに渡った理由の一つが、コンピューターを自由に使えるからということでした。

当時、コンピューターは大変貴重な機材で、1日使用すると、8000ドルかかったそうです。当時の8000ドルは、現在の貨幣価値にすると約300万円に相当します。

その頃、まだ地球温暖化のことなど誰も考えていなかった時代に、眞鍋博士はコンピューターで、地球の大気の動きを計算で求めようとしました。その当時の研究が、今回のノーベル物理学賞に結びついたわけです。眞鍋博士は、受賞後のインタビューで、「研究当初は、地球温暖化の研究を目的にしていたわけではない」とおっしゃっていました。ただ、研究中に「温暖化の一因と考えられる二酸化炭素が増えたらどうなるんだろう？」とか、いろいろな仮定を考えているうちに、新しい大気大循環モデル（計算によって大気を理解する方法）を見つけたのです。眞鍋博士は、「基礎科学の原点は学者の好奇心・探求心であり、日本の若い研究者にも、好奇心を大事にして独自の研究を進めてほしい」と述べています。要約すると、「理科という学問は、好奇心を持つことがいちばん大切」ということなのだと思います。

では、好奇心とは何でしょうか。考えなくても、誰もが持っているものです。毎日の生活の中で「一体なぜ？」「どうしてこうなっている？」と疑問に思うことです。季節によって違う花が咲いていたり、鳥や昆虫を見つけたり、毎日が発見の連続と言えます。

また、ときに暑過ぎたり、逆にとても寒かったり、急に雨に降られたり、「どうしてこんなことが起こるのだろう？」と、不思議に感じることがあると思います。

その理由がわかると「そうなんだ、面白い！」と思うはずです。ただし、中にはじっくり時間をかけないと、理解しにくいものもあります。自然界の成り立ちは、それだけ複雑にできていることが多いからです。しかし、複雑な仕組みを細かく分けていくと、じつはシンプルな法則が絡み合っているなど、基本的な部分に気付きます。そうした気付きを、先人たちが積み重ねてきたのが、理科という学問なのです。

つまり、理科とは先人が積み上げてきた「好奇心のビルディング」なのです。とはいえ、理科や物理と聞くだけで「無理！」と感じる人が多いのも事実です。いつから理科が嫌いになったか思い出してみてください。小学校の頃、理科室で実験をしたり、花壇で花の観察をしたりするのは楽しかったはずです。理科から物理という名前に変わる頃、力とか電気とかなにやら得体のしれない、実際手で触ったり、肌で感じられたりしないものが出てきてから、楽しさが苦しさに変わってしまったのではないでしょうか。

この得体のしれない、実感のないものが、考えるときには大きな障害となります。なぜなら、人間は言葉で考えるからです。言葉にならないことは考えにくいし、考えているうちに混乱してくるのです。

気象現象も、物理的に説明することがありますが、その結果は必ず肌で感じて、目で見る結果となります。しかも、天気は生まれてからずっと接していること、すべて実感できることです。天気は物理ではありません。


例えば、単位を読んでみましょう。気象予報士の勉強の中に出てくる単位、今まで数学などでkgとgは単位を合わせないと計算できないことくらいしか意識していなかった人も多いと思います。しかし、この単位、じつは数学の履歴書のようなものなのです。どのように計算したらこの数字が出てくるのか、単位がちゃんと説明しているのです。

例えば風速、5m／sとあるのは、／sつまり1秒間に5m進む速さということになります。ほかにも気象予報士の試験の中には、加速度（m／$s^2$）や密度（kg／$m^3$）などがあります。これらの単位をじっくり見ると、加速度というのは1秒間（／s）に、速度（m／s）

がどれくらい増えるか、密度は1立方m（／$m^3$）あたりの重さ（kg）というふうに単位がそのものの求め方を語っているのです。

単位や記号から、その数字の生い立ちを読み取れるようになると、理科も物理も怖くなくなります。

## 時間がない人の克服術

「仕事が忙しい」「子育てと家事に追われている」「親の介護が始まった」「まとまった時間がとれない」……。誰もがさまざまな場面で何度となく思ったことがあるはずです。気象予報士試験にしても、生活のすべてをかけられる人ばかりではありません。むしろ、試験だけに集中できる人は少数派です。時間が思うようにとれないのは、当たり前のことなのです。つまり、時間がないのはあなただけではなく、気象予報士を目指すほとんどの人に当てはまります。したがって、勉強する時間がとれないという言い訳は、通用しません。

今までの生活を維持しようとすると、勉強時間を作るのが難しい日も出てきます。しかし、そこで流されて勉強しない日が1日でもあると、その1日が2日、3日と延びていってしまいます。強い精神力で、必ず毎日少しでも勉強してください。たとえ酔っ払って帰っても、参考書を開くくらいの気持ちでいてください。

また、1回にとれる勉強時間が短いのだから、その分計画はしっかり立てる必要があります。いつ何時間あるいは何分の時間がとれて、そのときにどこまで進めるのか決めましょう。現在の生活を大切にしながら目的を達成するためには、事前に計画を立ててその場の雰囲気に流されないことが大切です。そして、勉強を始めるときその時間の目標を決め、終わるときに成果を確認するようにしましょう。1回にとれる時間が短ければ短いほど、終わったとき、何を理解したのか確認することが重要になります。

さらに、今までに勉強したことと関連付けて、その日の成果を独りぼっちにしないようにしてください。知識も集団になれば忘れられなくなります。人間の生活は必ずどこかで天気と関わっています。今日雨が降ったのはなぜか、晴れているのはなぜか、風が強いのはなぜか、あそこにある雲はどうしてできているのか。いつも考えましょう。勉強したことを実践し、生きた知識にするとより忘れにくくなります。と、まぁ、予備校の先生のようなことを書いてしまいましたが、要するに一定の時間を費やさないと取れない資格なので、それなりの覚悟は必要かと思います。

## 資格を取ってから

一般に気象予報士＝お天気キャスターと考えられがちですが、実際にはお天気キャスター以外の方が多数派で、その仕事は多岐に渡ります。現在、気象予報士の数はおよそ1万人。対して、気象の仕事をしているのは約2000人と言われています。その内訳は、民間の気象会社で働く予報士は1000人ほどで、この中にお天気キャスターも含みます。

近年では気象会社以外にも、鉄道・道路・航空・船舶・マスコミ・自治体・自衛隊・アウトレジャー・農業・水産業・園芸・環境産業など、さまざまな分野で直接気象予報士が活躍する職域が広がっています。とはいえ、1万人の気象予報士に対して、その資格を有効活用している人が2割というのは、少ないような気がします。

しかし、業界の発展のためには、資格者に対して職業従事者の割合は1～2割くらいが適正だと言われています。逆に言うと、医師のように取得するために膨大なコストがかかる資格を除いて、資格は持っていても使わない人の多い方が、その業界は将来的に発展するポテンシャルがあるということになります。

また、気象予報士の資格を取得した後、気象庁や民間気象会社に就職できたとして、すぐに実際の予報業務の現場でバリバリと働けるかと言うと、それは残念ながら難しいです。予報ができるようになるまでには、ある程度現場で経験を積み、勘のようなものを身につけなければなりません。

例えば、ある山ではスーパーコンピューターが降雨を予想した時間より数時間長引くとか、別の山では雪雲がレーダーに映らないなど、地域的な特徴を把握するのに時間がかかるからです。いくらコンピューターにすべてお任せの時代になったとはいえ、気象予報士はある意味職人のような側面があるのです。

気象予報士の主な就職先である、気象庁、民間気象会社、お天気キャスターなどは、正直狭き門といえます。しかし、この本を手に取っていただいた人たち、とくに若者は、気象の仕事に就きたいと思っているのではないでしょうか。

あなたが、中学・高校生であれば、ぜひ大学や大学院への進学をお勧めします。なぜなら、気象庁は大卒程度の国家公務員試験に合格する必要があり、民間気象会社でも大卒程度の学力を問われることが多いからです。大学に進学したら、ついでに教員免許も取得しておくとよいでしょう。地学（気象）を教えられる教員は貴重な存在であり、将来「学校の先生になりたい」と思ったとき、スムーズになることができます。また、学校の講師と塾や予備校の講師を掛け持ちして、目標であるお天気キャスターや気象会社で働くチャンスを、働きながら待つことも可能です。

# 5章 これからの気象予報士

## 気象予報士の適性

よくインタビューなどで「どんな人が気象予報士に向いていますか?」と聞かれることがあります。一般論で言えば、「お天気に興味がある、好き」「地理に強い」「数学や理科が得意」「体力がある」「説明が得意」「記憶力がいい」「楽観的な性格」「好奇心旺盛」「観察・観測するのが好き」でしょうか。

「お天気に興味がある、好き」は、どんな職業にも言えることですが、やはり「好きこそものの上手なれ」です。空を見るのが好き、台風や雪の予報が出るとワクワクする、自然が好き。テレビの天気予報を見るのが好きという人もいいかもしれません。

「地理に強い」は、予報業務では地名を間違えるのはNGだからです。また、「関ケ原」とか「飛騨地方」などと言われたとき、地図を見なくてもすぐに位置がわかるのは、気象の仕事をするうえで役立ちます。さらに、日本各地の地形を頭の中でイメージできるとなおいいでしょう。

「数学や理科が得意」は、気象の世界では気圧、気温、降水量など、数字がたくさん出てきます。気象現象は流体力学の法則に則って変動するので、数学が得意だと流体力学が理解しやすくなります。

「体力がある」は、気象予報士の仕事はたいてい交代制勤務で、夜勤があります。不規則な生活は想像以上に体力を消耗するので、それに耐えられる体力は必要でしょう。

「説明が得意」は、気象予報では気象現象をわかりやすく伝えることが求められます。とくにお天気キャスターを目指す人には、重要なスキルです。

「記憶力がいい」は、過去の特徴的な気象現象が起きた日時を覚えていると何かと便利です。例えば台風が接近したとき、「○年○月○日の天気図が似ている」と気付くと、過去の似た事例がすぐに思い出せます。最近は検索することで〝答え〟にたどり着くことができますが、やはり自分の中に事例を記憶していくのは大切なことでしょう。

「楽観的な性格」は、自然相手の仕事なので、どんなに予報技術に優れていても外れてしまうことがあります。外れた原因を検証することは大切ですが、いつまでも引きずらないで「まぁ、いいか」と思える楽観的な性格が向いています。

「好奇心旺盛」は、子どもの頃なら「どうして雨は降るんだろう？」とか「風はどこから吹くの？」など疑問に感じ、自ら調べようとするタイプ。大人になっても未知のものに出合うと「知りたい」と手間を惜しまない人は、気象の仕事に適性が高いです。

「観察・観測するのが好き」は、じつは最も重要な適性かもしれません。なぜなら気象の仕事において、基本中の基本となるのが「観察・観測」だからです。

観察と観測は似ていますが、少し意味が違います。観察は物事の状態、変化などを注意深く見ることです。ただ見るのではなく、客観的に見ることが必要で、注意深く長期的に見続けるといった意味です。一方、観測の対象物は主に自然現象です。自然現象を観察するだけではなく、測定まで行うことを観測と言います。対象となるものをただ見続けるだけではなく、何らかの測定を行って初めて観測と言えるのです。

つまり、観察に測定が加わったものが観測です。どちらも時間をかけて何かを見続けることは同じです。そのうえで、その変化などを記録するだけの場合は観察と言い、子どもの頃のアサガオの成長記録などは観察にあたります。その観察に測定が加わると観測になり、気象を注意深く見続ける行為を意味することになります。

さて、ここまで説明してきたことを、私の若い頃に当てはめてみるとどうでしょうか。

「お天気に興味がある、好き」まったく興味ナシ。「地理に強い」少し好き。「数学や理科が得意」小学生の頃、理科は得意だった。「体力がある」ふつう。「説明が得意」ふつう。「記憶力がいい」ふつう。「楽観的な性格」たぶん楽観的。「好奇心旺盛」ふつう以上。「観察・観測するのが好き」ふつう。

日本気象協会に就職した頃の私は、こんな感じだったと思います。それでも気象予報士やお天気キャスターになれたのですから、実際のところ気象予報士の適性なんて後付けかもしれません。未来のことは誰もわかりません。今までの時代では想像もつかないようなタイプの人が、将来気象予報士として活躍しているかもしれません。

ただ、この気象予報士の適性の中で、今私がいちばん大切だと思っているのが「観察・観測」です。正直、若い頃は観察・観測の重要性について、気にも留めていませんでした。日本気象協会に就職して2年目くらいの頃、静岡県の浜岡砂丘で風船気球（パイロットバルーン）を上げて大気の観測をしていたとき、先輩に観測の重要性について説明されたことを覚えています。当時の私は「ふーん、そうなんだ」と思ったくらいです。

東京に転勤して、テレビに出始めた頃、私はある本と出合います。それが『気象百年史』（１９７５年刊）です。気象庁の歴史を網羅した本で、気象に携わる人であれば誰もが知っている有名な本です。その中の関東大震災の記述に、私は衝撃を受けました。

現在、日本歴代最高気温は埼玉県熊谷市で観測された41・1℃（2018年）と静岡県浜松市で観測された41・1℃（2020年）です。しかし、この暑さをはるかに超える温度が、じつは今から99年前の9月2日に東京で観測されているのです。気温というのは、気象官署で測ったものしか正式には認められません。1923年当時、気象庁の前身である中央気象台は、麹町区元衛町（現在の竹橋付近）にありました。その正式な気象官署である中央気象台の温度計が、9月2日の未明に46・3℃の値を示したのです。

もうおわかりと思いますが、前日の9月1日の正午前、関東地方一帯に強い揺れを感じる大きな地震がありました。関東大震災です。このときの気圧配置は、8月30日〜31日に九州に上陸した台風が、瀬戸内海から日本海へ抜けた後、本州に再上陸。勢力を落としながら本州を横断していました。当初、東京ではこの台風に向かって南風が吹いていましたが、台風の通過に伴い北風に変わりました。これが、地震直後に起きた火災の範囲を広げることになったのです。夜中まで火災は続き、日をまたいで、9月2日の未明には中央気象台付近も火の海となりました。

しかし、身の危険が迫る中、観測を続行した人物がいました。当時の中央気象台職員、三浦榮五郎です。当時の三浦の心境が『気象百年史』に記されています。

「～吾人の最も恐れたるは建物の消失にあらず、将又《はたまた》、大金を以て購ひたる器具、機械にもあらず。実に観測の中絶と記録の焼失にあり。～中略～建物は灰となり煙となりて消え失せしも其観測の結果は永遠に之れを残す得たるはせめての幸なりとするところなり。～」
（『気象百年史 資料編』より）

最も恐れたことは、建物や高価な観測器具の焼失ではない。観測が途絶えることと、記録が失われることだと書かれています。三浦を含む観測員たちは、猛火に包まれ、風速15m／s以上もの熱風が吹く中、観測原簿を抱えて火の粉のかからない場所へと運び出し、延焼を免れた風力塔で観測を続けました。その結果、気象台本館は焼け落ちてしまいましたが、観測記録は途絶えることなく残ったのです。

このときの異常な高温について、その後のさまざまな文献では最高気温は45・2℃とするものや、46・4℃だったとするものも伝承されています。じつはそれぞれに理由があって、45・2℃は毎正時の観測、46・4℃はのちの中央気象台長藤原咲平が調査報告に書いたもの。そして、46・3℃です。当時の温度計は水銀柱で測るもので、水銀柱が最高値を示した痕跡から最高気温を推定するものでした。したがって、いくつかの説があるとはいえ、やはりいちばん信頼度が高いのは、月報に書かれている46・3℃と考えるのが妥当だと私は考えています。とはいえ、これらの数値は震災の火災によるものなので、公式記録からは消され、現代ではこうした事実があったこと自体忘れ去られようとしています。

当時、火災の影響が少なかった品川や小石川駕籠町（現在の巣鴨）で観測された震災当日の最高気温は30℃前後、夜中の気温も25℃くらいでした。もし、火災が起きなければ、中央気象台でもそのくらいの気温だったと考えられます。

尋常ではないときの46・3℃を正式な観測記録とするには無理がありますが、暑さの日本記録は関東大震災時の46・3℃で、それを火の海の中で命をかけて測った人がいたことは、紛れもない事実なのです。三浦榮五郎たちが「永遠に之れを残す得たる」として観測した値を、私たちは忘れてはいけないと思います。このエピソードを知って以来、私はさまざまなものを観察・観測するようになりました。

## 動物季節観測の廃止から発展継続へ向けて

２０２０年11月10日、私たち気象関係者にとって、大きなニュースが気象庁から発表されました。気象庁は「２０２１年1月より生物季節観測を見直す」と言うのです。それも、動物季節観測を完全に廃止するとのこと。私は率直に、「そこまで予算に困っているのか！」と思いました。予算緊縮で台所事情が厳しくなっていることは容易に想像がつきますが、「生物季節観測の見直し」は、動物季節観測の全廃を前提としており、これは大きな社会問題をはらんでいると思われます。生物季節観測には、身近な動物を観測する〝動物季節観測〟と植物を観測する〝植物季節観測〟の2種類があります。いずれも、季節の進み具合や長期的な気候の変動を把握することなども視野に入れた重要な観測です。

観測の方法そのものは、ある意味原始的な方法で、観測者（気象庁職員）が実際に目で見て、動植物の現象を確認した日を記録します。逆に言うと人間の目、それも熟練を必要とするので人件費がかかります。この生物季節観測は、アメリカのスミソニアン研究所の方法に倣って、気象庁では１９５３年から行われています。観測項目は、２０２０年10月現在、植物34種（サクラやウメの開花など）動物23種（アブラゼミやウグイスの初鳴きなど）です。現在も気象官署によって観測する項目は違いますが、観測機器だけではとらえられない季節の変化や、自然界の異変をキャッチしようとするのが目的であることは、論を俟ちません。

そして今回、生物季節観測の見直しが発表されたのですが、その内容は見直しというより大幅な削減で、とくに動物季節観測にいたってはすべて廃止という、信じがたい内容になっていました。動物季節観測の廃止に関して、気象庁の見解は「対象を見つけることが困難となっており、また観測できたとしても結果にばらつきが大きく、気候の長期変化や季節の遅れ進み等を知ることは困難……」としています。

確かにトカゲやニホンアマガエルなど、種目によっては都市化の進んだ地域では、観測困難なものもあるでしょう。実際、2011年の平年値見直しのときには、東京や大阪など大都市では、ホタルやトノサマガエルなどの初見日が除外されました。とはいえ、出現を目視する必要がないセミ類やウグイスの初鳴きなどは、果たして「対象を見つけることが困難」なのでしょうか。さらに言えば、観測とは観測できなかったことを確認するというのも立派な観測なのです。

またクマゼミなどは、対象を見つけることが困難どころか、数十年前は首都圏にいなかったものが、近年は北関東にまで生息が広がっています。セミの分布は気候変動や温暖化の指数として極めて重要な資料で、この観測を止めてしまうというのは先人の築いた努力の放棄と言えるでしょう。

「気象に携わる者は、気象業務法を守らなければならない」

その業務法の体系を見ると、第1章が総則、そして第2章が観測で、第3章が予報および警報です。つまり、予報よりも、縁の下の力持ちである観測の方が重要であるというのが、気象業務法の精神。観測がなければ予報も警報も出せないのですから、これは至極当然のことです。したがって、生物季節観測といえども観測の変更は、慎重に慎重を重ねて行わなければなりません。

気象業務法第1章・第1条には「この法律は、気象業務に関する基本的制度を定めることによって、気象業務の健全な発達を図り、もって災害の予防、交通の安全の確保、産業の興隆等公共の福祉の増進に寄与するとともに、気象業務に関する国際的協力を行うことを目的とする」（出典：e-Gov「気象業務法」昭和27年法律第165号より）と記述されています。生物季節観測の成果は、日々の天気予報や警報にすぐに反映するわけではないので、重要度が軽んじられている向きもあるかもしれません。ですが、長期的な視点に立てば、動植物の変化や季節の移ろいを気象官署が記録するというのは、産業の興隆や公共の福祉に貢献することは間違いないでしょう。

近年の気象庁の方針を見ている者としては、気象庁が「防災」を最優先にしていることはよくわかります。それはそれで正しいと思います。しかし、生物季節観測を二次的な観測として疎かにするなら、それは気象業務法が述べている公共の福祉という精神に反しているのではないでしょうか。敢えて言うなら、気象業務は「防災」だけのためにあるのではなく、日本文化そのものを守るためにもあるべきでしょう。

そこで私は、気象庁担当者に疑問点を質問しました。

「なぜ動物季節観察をなくすのでしょうか？」

「観測動物がいなくなっている。加えて動物の出現が季節の変化を表していない。例えば水戸の例を見ると、ウグイスの初鳴きは２０００年くらいまでは、暖かい年には早く鳴いたりしていたが、現在は温暖化のせいか、むしろ遅く鳴く。トノサマガエルも30年くらい前までは気温との関連があったが、今はそうした傾向も見られず、ばらつきが大きい」

「そうしたばらつきが大きくなっていることを観測するのも、観測ではないでしょうか？」

「観測の目的が違う。植物のように温暖化に連動して変化があるのならよいが、動物は気候変化の指標に今やなりにくくなっている」

「クマゼミなどの生息分布は北へ広がっており、現在進行形で重要な観測指標ではないのでしょうか?」

「クマゼミなどの観測場所は7カ所しかないので、もともと北の地域ではやっていない」

「生物観測の縮小は予算削減が理由なのでは?」

「それは違う」

「観測は気象業務法上、最も重要な項目ではないでしょうか?」

「それは、そうです」

「もう動物季節観測が復活することはないのですか?」

「ニーズが高まったり状況が変わったりすれば、復活もあると思う」

私は見直し自体を否定するものではありませんが、「動物季節観測完全廃止」はやりすぎだと思いました。せめて昆虫類や鳥類の観測は残すなどの配慮を、気象庁に再検討していただきたいと考えていたところ、その1カ月後に当時の環境大臣だった小泉進次郎氏とお会いすることができたのです。

気象庁は国土交通省の外局で、環境省とは直接のつながりはありませんが、近年熱中症予防など、気象庁と環境省は、垣根を越えて業務を行うことも増えています。また、生物季節観測は、気象だけでなく環境の問題でもあるので、環境大臣に関心を持っていただくのは大変ありがたいことだと思いました。

そこで私は、今回の動物季節観測廃止が突然発表されたこと、生物季節の観察がいかに重要かを、小泉大臣に伝えました。すると大臣は、「このままだと、年内で終わってしまうんですよねぇ……」とつぶやかれました。それを聞いた瞬間、私は三浦榮五郎のことを思い浮かべました。関東大震災のとき、気象台周辺が火の海に包まれる中、三浦が気温を測り続けてくれたおかげで、震災による火災がどれほどのものだったのか、後の私たちは想像することができます。観測の継続こそが最も重要な任務であると、三浦は認識していました。これが気象関係者の中で現在も、暗黙知として伝えられる観測精神というものでしょう。もちろん、震災時の観測と生物季節観測を同列に語ることはできませんが、観測というのは、現在のことを測っているように見えて、じつは未来に残すためにあるのです。

現在、社会はAIによって急速にデータ化されています。当然、観測技術や観測の方法も変わっていくでしょう。そうした中で、人間自身の五感による観察というのは、一旦放置すると、その観測技術も含めて消滅していくのです。

想像してみてください。動物季節観測がなくなるとします。多くの人にとっては自己の安全に関わるわけではないので、何の不便もありません。敏感な人でも「あれ？　今年ウグイスは鳴いたっけ？」くらいの感覚だと思います。

ではサクラだったらどうでしょうか。今回の観測縮小の中にサクラは入っていませんが、サクラの開花発表がなくなったら、文化の中に根付いているお花見や観光、文学や芸術の世界にまで影響を与えるでしょう。実際、サクラの開花は10年で1・5日、30年で5〜6日ほど早くなっており、昔の映画のサクラのシーンなどを観ると、現在との季節感の違いを知ることができます。生物の観測がなくなることは、それに関するニュースもなくなるということです。ニュースがなくなるということは、世代が変わると自然現象や科学に対する関心が薄れていくということにほかなりません。

現在、世界的にSDGs（持続可能な開発目標）の重要性が問われているときに、動物季節観測の廃止は、まったくその考えと逆の選択だと私には思えます。

「〜その目的は生物に及ぼす気象の影響を知るとともに、その観測結果から季節の遅れ進みや、気象の遅れ進みや、気候の違いなど総合的な気象状況の推移を知ることにある」

これは「生物季節観測指針 第一章1・1生物季節観測の目的」に書かれている一文です。

日本だけではなく、欧米でも生物季節観測は盛んに行われ、気候変動に伴う気温の上昇が環境にどのような影響を与えるのか、各地で観測が進んでいます。確かに時代の流れとともに、動物季節観測も含めて、生物季節観測全体の見直しは必要だと思います。

「かつて気象台付近で簡単に見つけられた動物や昆虫が大幅に減り、生物季節観測のためだけに動物を探しに行けるほど余裕はない」

という気象庁OBの話も聞きました。とはいえ、やはり動物季節観測完全廃止はやりすぎではないでしょうか。そこで、私が提案したいのは、気象庁と環境省、そして市民の力も借りた、生物季節観測の継続です。気象庁の行う「観測」は、気候監視の意味があります。一方環境省の「観測」は、環境と動植物など生態系調査を重視したものです。互いに調査目的が違いますが、ここをすり合わせて、しかも民間のスマートフォンなどを活用した大規模な生物季節観測は、必ずできると思います。

ただそれにはおそらく時間がかかると思われるので、せめてそれまで、気象庁にはこれまでの方法で観測を続けていただきたいと願っていたところ、なんと一転して生物季節観測は存続が形を変えながらも検討されることになったのです。

2021年2月1日、気象事業者が閲覧できる気象庁発表資料に、「東京でツバキ（ヤブツバキ）開花」との記載がありました。記事はすぐ訂正され、発表そのものがなかったことにされましたが、気象関係者にとっては、これはかなり違和感のある訂正でした。というのも、2020年11月に発表された「生物季節観測の見直し」には、植物のツバキも観測対象から外すとされていたからです。

2021年からツバキの開花は観測されないはずなのに、実際には「観測」されていた。となると、これはただ単に間違えただけなのか、ひょっとしたら観測の切断を忍びないとした観測員が自己判断で観測したものなのか、2月の時点ではわかりませんでした。

その後、3月になって気象庁と環境省の方とお話しする機会があり、今後の生物季節観測についてお尋ねすると、「じつは現在、生物季節観測の方法についてさらなる見直しを行っている最中で、動物観測も含めて、その試行錯誤をしている」とのことでした。件のツバキ開花の報告も、その試行調査の一環だったと考えれば、つじつまが合います。つまり、2020年11月に心配された「観測の切断」は起こっていなかったのです。

そして、2021年3月末、気象庁と環境省は、約70年に渡る観測データを活かしながら、対象外となった動植物についても、試行的に観測を継続すると発表。季節の変化だけでなく、新たに生き物の生息環境の変化や、気候変動による生態系への影響も把握することを目的に加えました。こうした専門的な調査は、国立環境研究所（茨城県つくば市）が担うそうです。これは、省庁の垣根を取り払って、地球温暖化対策などを視野に入れた、大規模な生物季節観測に発展していく可能性を示唆しています。

さらにこの発表で、最も注目するポイントは、市民参加型調査を取り入れることでしょう。これまでは気象庁が主体でしたが、そこに環境省が加わることによって、より広範囲な観測網がつくられることになります。

２０２０年11月、動物季節観測廃止の発表を受けて、私は直ちに廃止見直しをとの意見を発信したところ、多くのメディアから取材や問い合わせをいただきました。その中に小泉大臣もいらっしゃいました。大臣も環境の変化を見守ってこられたお立場として、看過できない事案だったのでしょう。

後日談になりますが、気象庁関係者は、生物季節観測廃止・縮小の発表で、こんなに多くの反響があるとは思わなかったそうです。これらの反響を受けて、当初は完全に廃止にする予定だったものを、どうにかして継続しようと環境省と調整を重ね、その間も各気象台で観測を続けていたのです。この事例はいわば「我々の発信が行政の決断を変えた」と言えるでしょう。今後も私たちが関心を持ち、声を上げることが、さらなる生物季節観測の発展につながっていくのです。

## 「本物」を知る魅力を教えてくれた島バナナ

観察・観測は、やってみると楽しいものです。２０２１年秋からは、銀座の築地川銀座公園に植えてあるリュウゼツラン（竜舌蘭）を観察しています。

リュウゼツランは、じつは観葉植物としてよく販売されている、中南米を中心に自生する植物。メキシコでテキーラの原料に用いられることでも知られています。葉の形や質が、竜の舌に似ているとされることから名付けられたそうです。アロエにも似ていてランという名前がついていますが、どちらでもなく「リュウゼツラン属」です。日本へは主に繊維を採取するために、明治時代に輸入されたようです。この植物の面白いところは「花」です。数十年に1度、日本では30～50年に一度だけしか咲かないと言われています。大きなアスパラガスみたいな、長い茎のような部分は花序と言うらしく、リュウゼツランの花序は世界一長いらしいです。リュウゼツランは残念なことに、一度花が咲くと間もなく枯れてしまうとか。11月頃に花が咲くという情報を得て、「これは絶対見なければ！」と思い、暇を見つけては公園に立ち寄り観察するのが楽しみになりました。

この様子はＴＢＳの『Ｎスタ』のお天気コーナーでも紹介し、「こんな珍しい植物が、東京の銀座にあるなんて」と話題になりました。花は今年（２０２２年）の２月７日に開花したのですが、その後本当に枯れてしまうのか確かめたくて、今でも観察を継続して楽しんでいます。この本を書きあげている２０２２年夏の段階で、茎や葉はまだ残っていますが、青々とした状態ではなくなっています。

お天気キャスターになった頃は、正直植物には興味がありませんでした。ネタづくりとして、仕方なくサクラをチェックしていたくらいです。それが、「植物って面白いじゃん」「自然って面白いじゃん」と思うようになったきっかけは、「島バナナ」との出合いもその一つです。「島バナナ」に明確な定義はなく、沖縄県で栽培されたバナナの総称として用いられることもありますが、私が魅了された「島バナナ」は、フィリピン品種の「ラトゥダン」が原種とされる小ぶりのバナナです。約１３０年前に小笠原諸島に伝わり、沖縄県にも広まったとされることから、「小笠原種」とも呼ばれています。濃厚な甘みと、ほどよい酸味が特徴ですが「島バナナ」は病害虫に弱く、台風の被害も受けやすいため、大規模に生産する農家がなく、流通量が少ないのです。

20代のとき、気象協会の先輩と、初めて石垣島に行ったときのことです。絶景広がる川平湾のすぐ近く、農家のおばあちゃんから「これ食べて」と、それまで見たことがない小さなバナナをいただきました。

「何これ、普通のバナナじゃないね！」

とても美味しくて、先輩2人と感動しました。当時は、今よりも「島バナナ」は世間に知られていませんでしたが、そもそもバナナ自体がぜいたく品という時代でした。普通のバナナも十分美味しかったのですが、石垣島で食べたそのバナナ（おそらく島バナナ）は、「この世にこんなに美味いバナナがあるのか！」と感動するほどでした。私たちが知っていたバナナとは、まったく違う美味しさだったのです。

その後は、石垣島で食べたバナナを調べることはなく、月日が経っていきました。若い頃は何かに感動しても、日々の忙しさに追われ、あっという間に月日が流れてしまうものです。しかし、記憶にはしっかり残りました。

それから、何かの機会に沖縄に行くたびに、海岸でおばあちゃんにいただいた島バナナを思い出し、その小さなバナナが売られていないか探すようになり、売られていたら即買って、黄色くなるのを待って食べました（売られているのは緑の状態で、追熟して黄色くなったら美味しく食べられる)。そのたびに、島バナナの美味しさに感動しました。

ところが、やはり日々の忙しさもあり、特別に島バナナを探求することはなく、月日が経っていきました。このように、私は島バナナが美味しいということは、50年くらい前からずっと知っていたのです。それが、「森田塾」の元生徒で、今は農家を相手にブランディングやマーケティングの仕事をしている井上美穂さんと久しぶりに会ったときにバナナの話になりました。そのとき「バナナはとりたてて好きではない、むしろ嫌いかもしれない」と井上さんが言うので、敢えて「島バナナを食べてみて」と勧めました。

「感動しました！　森田さんに媚《こ》びようとしたのではなく、本当に美味しかったです。これはすごいですね。リンゴみたいな香りですね」

島バナナは、バナナが嫌いという人まで感動させてしまうのです。このとき私は、島バナナの味がわかるには、年の功と経験がいるかもしれないとも思いました。なぜなら、どんなものも、それが本物かどうかを判断するには、経験が必要だからです。

日本人の多くは今、本物との出合いが少ないのではないかと思わざるを得ません。島バナナにかぎったことではなく、どんな果物や食べ物でも、どんな物事でも言えることで、「知らない」ということによって、本当の美味しいものや面白いものを知らない人が多いのではないかと思いました。だからこそ、島バナナを多くの人に知ってもらうのはいいことだと思うのです。島バナナを知ってもらう活動をしていけば、多くの人が美味しいことに感動して幸せを感じられるはずです。

その後、沖縄県と奄美地方でしかとれない島バナナを、多くの人に知ってもらいたいという一心で、２０２２年1月に島バナナ協会を立ち上げて、島バナナの普及に取り組み始めています。今後チャンスがあれば、インドに行ってみたいです。理由は、世界一のバナナの生産国だから。インドはバナナの品種も豊富ですが、ほとんど国内消費で、日本ではインド産のバナナは手に入りません。そこで多種多様なバナナを、現地で食べ比べしてみたいのです。

## もし、天気予報がなかったら？

天気予報がなかったら、一体どんなことになるでしょうか。傘を持って行くべきか、洗濯物を干したまま出かけても大丈夫か迷ってしまいます。ほかにも天気予報がないと困ることが結構あります。例えば、野球場のお弁当屋さんは、雨が降って試合が中止になれば

お弁当は売れません。当然、天気予報をチェックして、お弁当を発注する数を決めていま
す。もし、天気予報がなかったら、お弁当が余ったり足りなくなったり、商売になりません。
ほかのイベントでも同じことが言えます。スーパーマーケットも困ってしまいます。天気によってお客さんの数が違ってくるため、気象情報会社と契約して、きめ細かな天気予報を利用しているスーパーもあります。気温、湿度、風、雨……と、いろいろな条件でお客さんの数を調べて、その結果を参考に仕入れる商品の数を決めています。現在、商売に天気予報は欠かせないものになっているのです。

とくに長期予報は、経済に大きく影響します。例えば、夏が冷夏になればクーラーは売れません。もし、冷夏になることを冬のうちにわかっていれば、メーカーは必要以上にたくさんつくらなくても済みます。逆に、猛暑になることが早い時期にわかるようであれば、増産体制をとることができます。猛暑の見込みでたくさんクーラーをつくってしまって、もし冷夏になれば、メーカーは在庫の山に悲鳴を上げるでしょう。

また、冷夏と見込んでいた場合に、猛暑になってしまえばクーラーが飛ぶように売れますから、生産が追い付かなくなって、こちらもメーカーは大変なことになります。これは、クーラーだけでなくビールや衣料など、あらゆる季節商品に共通して言えることです。こ

のため、長期予報が当たるか当たらないかは、経済に大きな影響を与えることになるのです。天気予報は、お金が儲かることにはなかなか結びつきませんが、損害を少なくすること、つまりリスクヘッジには、とても役立ちます。

それを証明する話があります。天気に関する国際的な組織であるＷＭＯ（世界気象機関）は、次のようなことを発表しています。

「世界中の天気予報に費やされた金額に対して、経済効果は少なくとも10倍以上に上ります」

仮に１０００万円のお金を天気予報に使えば、少なくとも１０００万円の損害を防ぐことができる計算です。現在、日本では気象庁に年間、約６００億円のお金が投じられていますということは、６０００億円の効果が確実に出ていることになりますが、なかなか実感できないのも事実です。そこで気象庁は、最近気象データをもっとビジネスに役立てようと、「気象データアナリスト」の育成に力を入れています。気象データアナリストとは、企業におけるビジネス創出や課題解決ができるよう、気象データの知識とデータ分析の知識を兼ね備え、気象データとビジネスデータを分析できる人材のことです。気象の影響を大きく受ける企業の従業員が、気象データアナリストとしてのスキルを身につけ即戦力として活躍すれば、業務に大きく貢献することになります。つまり、前述の野球場のお弁当屋さんやスーパーマーケット、メーカーなどの企業に気象データアナリストがいれば、気象のリスクを回避して利益アップが見込めるというわけです。

気象データアナリストは、世間にはまだあまり知られていませんが、気象予報士も認定を受けて、さまざまな企業で活躍をしています。気象予報士の資格をとっても、なかなか気象の仕事に就けない人が多いので、このような認定制度で気象の仕事の選択肢が増えるのはいいことだと思います。

## 気象学は曖昧な学問

天気予報を行うために最も重要な資料が、気象庁が算出する「数値予報資料」です。この数値予報資料に民間気象会社が独自のコンピューター処理を加えます。その他、実況（現在どうなっているか）を見たうえで数値予報を修正したり、地形の影響などを総合的に考慮したり、予報官や気象予報士が修正を加えたりして、天気予報として発表します。気象現象は複雑で、コンピューターが計算した予報は完全ではないため、やはり人が補正することが必要なのです。このように、基本的に同じデータを元に予報をするため、気象庁の天気予報も、民間気象会社もほぼ同じような予報になります。ただし、インターネットのポータルサイト上の天気予報やスマートフォンアプリの天気予報など、複数の予報を見比べると、提供元によって独自のコンピューター処理を加えているため、内容が多少異なることもあります。

現在の天気予報の的中率は「降水の有無」では83％、最高気温の誤差は1・7℃近くまで向上しています。日常生活で気温1～2℃の違いを意識することなどはほとんどありませんから、かなり優れた予報精度と言ってよいでしょう。ただし、天気予報の的中率83％というのは、「降水の有無」のみに着目しているため、「晴れ」と予報したのに「曇り」だったり、「雨」と予報したのに「雪」であった場合も正解になります。私たちが「天気予報の的中率はそんなに高くないのでは？」と感じてしまうのは、このあたりにあるのかもしれません。

今後さらに高性能のスーパーコンピューターが出てくれば、天気予報の的中率が100％になるかと言えば、それは無理でしょう。自然現象は日々変化します。自然現象のすべてが解明されたら、100%の予報ができるかもしれませんが、それは不可能です。

気象学は、曖昧さを許容してくれる学問と言われています。晴れと曇りは、雲の量で決められますが、じつは晴れか曇りかわからない曖昧な境界があるのです。以前、土居まさるさんとこんな会話をしたことがあります。

「森田さん、天気予報を外したときは、どう思うの？」

「気象学は発展途上の科学ですから、失敗すれば失敗するほど予報の精度は上がっていくので、天気予報を外すのはむしろいいことだと思います」

「なるほどね〜。でも、それ、言い訳なんじゃないの？」

と突っ込みされながら、土居さんは一理あると褒めてくださいました。ですから、東京の雪の予報がよく外れるのは、まだ外し方が足りないのかもしれません。そもそも東京に雪が降る回数が少ないのでデータが足りないだけで、時が経てば当たるようになるような気もします。気象学の面白さは、わかったような気分を、いつも裏切られることです。

昔から、天気予報を外す3大パターンというのがあります。

1つ目は「日本海低気圧」。日本海に発達した低気圧が来ると当然、雨や風が強くなると予想されるのですが、関東地方は神奈川県や静岡県の山々に雨雲がブロックされて、雨がまったく降らないことがあります。風だけ強いので、「吹き上げ」と呼んでいますが、この気圧配置のときは実況をよく見て判断するほかないのです。

2つ目は「北東気流型」。東京に思いがけない雪が降るのはこのパターンなのですが、これもなかなか当たりません。内陸に寒気がたまっているかで雪になったり雨になったり、風向きで微妙に変わりますので、これも実況監視が予報の基本になります。

3つ目は「上空寒気」。上空に寒気が入ってくると大気が不安定になって、快晴でも突然雷が鳴ったりします。これは寒気の流入まではかなり当たるようになりましたが、どこでどの程度の雷雨になるのかは、なかなか予測が難しく、これも事象が起こってからの実況を追跡するのが肝心です。

このように、長年天気予報を続けていても、よくわからないことがたくさんあって、結局は普段からよくモノをみて、変化に気を付けるということに尽きるような気がします。

## 気象産業の課題、増える予報の種類

気象庁について、「動物季節観測の廃止」の件で、私は「そんなに予算がないのか！」

とがっかりしましたが、本当に予算は厳しいようです。気象庁の予算額は約600億円前後。それを国の予算全体から見ると、なんと0・1%程度。国民1人当たりに換算すると約500円弱となり、喫茶店で飲むコーヒーと同じくらいなので、自嘲気味に気象関係者の間では「コーヒー予算」とも呼ばれています。この予算の中で、365日24時間体制の観測と予測を行っているのです。

さらに、予算で不可欠なのが、スーパーコンピューターや気象衛星ひまわりの維持費だと言います。防災へのシフトと、「コーヒー予算」の枠組みの中で、民間企業や大学などとの技術開発で連携を模索しているそうです。将来的にAIやビッグデータなどの成果を活用するうえで、民間の資金や技術は魅力的です。今までほぼ自前の機器やシステムで情報を出してきた気象庁としては、大きな岐路に立たされているのかもしれません。

また、民間の気象会社、気象予報士の今後はどうなるのでしょうか。「お金を払ってでも欲しい」と思えるような気象情報を、民間気象会社が提供できるかどうかということが、課題になると思います。この点では多くの企業や気象会社が試行錯誤しています。最近では保険会社が気象情報に力を入れ始め、自前で予報士獲得を目指しているとも聞きます。また、気象会社によっては、鉄道会社向け、野外イベント向けなど、顧客の求めに合わせて、オーダーメイドの気象情報を提供する試みも見られます。

しかし、無料でもかなり精度のよい気象情報が手に入ることで、現状は期待されたほど売り上げは伸びていないようです。インターネットの発達で「情報を買う」という概念が日本でも芽生えてきているようなので、今後の発展に期待したいところです。

将来的にどんな天気予報ができるようになるかも気になります。「紫外線情報」「花粉情報」「服装情報」などは、昔は想像もつかなかったのに、現在では当たり前になっている予報です。かつては「日焼けは健康的」と言われていましたが、今や紫外線はすっかり嫌われ者になってしまいました。花粉症も昔はなかったのに、国民病と言っても過言ではありません。

また「服装情報」や「傘情報」など、生活に関連する分野の情報も増えています。天気予報の最大の目的は防災ということですが、現代は防災に限らず、それに付随する情報も、気象会社やテレビ局から積極的に発信されるようになってきました。

また気象庁からも、「竜巻注意情報」や「線状降水帯情報」など、発達した積乱雲が起こす局地的な現象を予測する情報も出されるようになってきました。竜巻などは、ひとたび発生すれば壊滅的な被害を引き起こしますが、一生を通して個人が遭遇する確率は低いでしょう。それでも、このような局地的かつ突発的、短時間の予報ができるようになったのは驚きです。

さらに、ドップラーレーダーなど各種レーダーの発達に伴って、積乱雲の性質がより詳しくわかるようになってきました。積乱雲とひと口に言っても、それぞれ個性があります。雨量が多いタイプ、落雷が激しいタイプ、大粒の雹《ひょう》を降らせるタイプ、竜巻や突風を起こすタイプなどさまざまです。接近してくる積乱雲がこれらのどのタイプかわかるようになれば、「雹予報」「突風予報」なども今後可能になってくるでしょう。

究極、ユーザーが必要としているのは「今日、傘が必要かどうか」、自分がいる場所や行く場所の天気予報です。スマートフォンの進化もあり、将来どれだけこのニーズに応えられるか、今後気象予報士の技術的スキルアップが不可欠だということだけは間違いありません。

# おわりに

今から50年くらい前、中国の古典に興味を持ったことがあります。興味といっても、市販されている入門書の類を脈絡もなく読んだだけで何の体系化もなく、意味のない読書経験だったといえるのかもしれません。ただ、その頃、荘子の説く「無為自然」という考えに興味を持ち、友達と議論したことがあります。

「荘子は何も為《な》さないのが自然で良い」とするなら、なぜ人の役に立つような文章や言葉を残したのか。

荘子という人物が実在しないとの説もありますが、「荘子」という思想が存在することはまぎれもない事実なので、荘子の「何も為さない方が良い」という考えは、「無為自然」という言葉が残ったことによって、「何かを為した方が良い」ということになるのではないか、なんて馬鹿なことを延々と話していました。

もとより荘子の真意がわかるはずもありませんが、ただ一つわかったのは、人は自分の知ったことを他の人にも伝えたいという欲求があるということです。

どんなに「無為自然」と達観していても、その「無為自然」の境地を、他者に伝えたいと荘子も思ったに違いありません。

1988年のことです。私はそれまで外国に行ったことはなかったのですが、『テレポートTBS6』という番組の取材を兼ねて、生まれて初めてマレーシアのチェラティンビーチというところに行きました。

海に入ると、何か小さな物体が自分にどんどん飛びかかってくるではありませんか。これは何だとよく見ると、無数の小さなエビが自分の周りを埋め尽くしていたのです。手ですくえるほどエビが群れていたのです。そのあと、その状況を人に言いたくて、海から上がると日本人観光客に次々と、あのあたりにエビがいると教えてあげました。

その一連の私の行動を見ていたプロデューサーの椋尾尚さんが、「森田さんはキャスターとしての一番大切な資質を持っています」と、おっしゃいました。

どういうことでしょうと聞くと、「自分が知ったことを多くの人に伝えようとする気持ちが大切なのです」と付け加えられました。そしてそれは、なかなかやろうと思ってもやれないことのようで、それを資質と表現されたようでした。

確かに、ある出来事を知っても共有化が苦手な人もいます。またその知ったことに価値を感じない場合や、さらに発言によるリスクを考えて、敢えて人に言わないという選択もありえるでしょう。

しかしキャスターとは、とりあえず多くの人に事実を知ってもらおうと努力する人のことなのかもしれません。

「はじめに」にも書きましたが、今年（2022年）の夏、6月25日頃から東日本は晴れて気温が上がり、ニュースでは「もう梅雨明けでは？」という論調になってきました。

このとき、気圧配置や上空の高気圧が強まるなどの予想から、気象庁が梅雨明けを検討するであろうことは、なんとなくわかっていました。

ただ梅雨とは初夏から真夏へ季節が交代するときの〝儀式〟のようなものですから、6月の梅雨明けはあまりにも早くて、心理的に出しにくいだろうなとも思いました。

そして気象予報士仲間では「気象庁は6月27日に梅雨明けを発表するのだろうか」ということで意見が分かれ、関心も高まりました。

結果は梅雨明けが発表され、そしてその後、予想通りの猛暑が続いたのです。気象庁は記録的な高温が続く可能性が高かったことから季節現象云々より、当面の猛暑を呼びかけるには「梅雨明け」というフレーズが有効だろうと考えて発表したのでしょう。

これはこれで、立派な判断だと思います。

ただ私が思ったのは、この事実を伝える側のお天気キャスター（気象予報士）の態度でした。私も含めて、「梅雨明け発表」を気象庁からの「お墨付き」のように位置づけており、気象庁発表が絶対とする〝空気のようなもの〟を感じたのです。

気象業務法の精神から、確かに警報や台風情報などは情報の一元化が大切で、気象庁発表に則して伝える義務があるでしょう。

しかし、「梅雨明け」のような季節現象は、気象庁とて夏が終わってから見直すような情報なので、もっと自由にお天気キャスター（気象予報士）が自分の意見を言うべきではないのか。「気象庁発表はまだですが、実質6月25日から私は梅雨が明けていると思います」くらいの発言すら出てこないのはどうしてでしょう。

何かの本で読んだのですが、人の脳は怠け者だそうです。

脳はエネルギーをいっぱい食うので、できるだけ物事を単純化して複雑なことは考えないようにするのが効率の良い脳の使い方だと言います。
とすると、天気予報の場合も、気象庁のお墨付きをもらった情報だけ伝えていれば効率は良く、自分で発言の責任を負うこともありません。しかしこのような伝達だけの役割に甘んじていると、早晩、お天気キャスターの世界に気象予報士はいらなくなるでしょう。

私は今、ひょんなことから沖縄の島バナナに興味を持っています。実が小さくて独特の酸味と甘みを持ったバナナです。

で、このバナナを東京で手に入れようと、通信販売や産地直送で買ったりもしています。ところが送られてくるバナナが、微妙に味も大きさも違うのです。文句を言うわけにもいかず、沖縄に行ったときに熱帯果樹の専門家にお聞きしました。

すると「沖縄で採れるバナナは、すべて島バナナです」という、腰を抜かすような回答をいただきました。

もちろんこれは、バナナの種類を言ったわけではなく、考え方を述べたものです。

しかし実は、我々は簡単に「あの雲は何の種類ですか?」とか聞いたりしますが、実は自然界で種を特定するのは、たいへんな作業だということを島バナナから知りました。

空の青と夕焼けの赤がグラデーションでつながっているように、自然界は本来、線で分けられないものなのです。気象予報士として自分が一番伝えたいのは、その曖昧な部分を知ってもらいたいということです。

本書の大部分は、私が話したことをライターの大泰司由季さんに、書きまとめていただく方法を取りました。まとまりのない話を上手に纏めあげていただきありがとうございました。またイースト・プレスの渡邊亜希子さんにも、辛抱強く締め切りを延ばしていただき、ありがとうございました。

森田正光

# 参考・引用文献

『気象百年史 資料編』気象庁（日本気象学会）
『気象学と気象予報の発達史』堤之智（丸善出版）
『気象予報士 シリーズ〈わたしの仕事〉⑧』金子大輔（新水社）
気象庁ウェブサイト
航空自衛隊ウェブサイト
一般財団法人気象業務支援センターウェブサイト
e-Govポータルウェブサイト

イースト新書Q

Q084

気象《きしょう》予報士《よほうし》という生《い》き方《かた》

森田《もりた》正光《まさみつ》

2022年9月18日　初版第1刷発行

校正　株式会社ヴェリタ
編集・発行人　永田和泉
発行所　株式会社イースト・プレス
東京都千代田区神田神保町2-4-7
久月神田ビル　〒101-0051
tel.03-5213-4700　fax.03-5213-4701
https://www.eastpress.co.jp/
ブックデザイン　福田和雄（FUKUDA DESIGN）
印刷所　中央精版印刷株式会社


ISBN978-4-7816-8084-2